视频号博主
实操攻略

内容策划　视频制作
后期剪辑　运营变现

王黎黎　著

U0277347

人民邮电出版社

北京

图书在版编目（CIP）数据

视频号博主实操攻略：内容策划 视频制作 后期剪辑 运营变现 / 王黎黎著. -- 北京：人民邮电出版社，2022.12
ISBN 978-7-115-60001-1

Ⅰ. ①视… Ⅱ. ①王… Ⅲ. ①视频制作②网络营销 Ⅳ. ①TN948.4②F713.365

中国版本图书馆CIP数据核字(2022)第165561号

内 容 提 要

本书深度剖析了视频号的特点，对视频号的定位、操作、内容制作及运营变现进行了全方位的讲解。

全书共 10 章，从视频号的背景知识与产品特色开始讲起，让读者了解视频号的商业价值；随后详细介绍了视频号的定位、视频号的操作流程、视频拍摄、视频剪辑、特效优化等内容创作技巧；最后，本书还分享了微信生态矩阵的联动、账号运营、变现手段等视频号运营者切实关心的内容，使读者了解和掌握运营视频号需要具备的核心技能。

本书适合对视频号内容创作和运营感兴趣的广大读者阅读学习。对于短视频行业的从业人员、通过视频号平台进行营销的企业和商家、通过视频号实现引流的新媒体创业者，本书也有一定的参考价值。

◆ 著　　　　王黎黎
　　责任编辑　张　贞
　　责任印制　陈　犇

◆ 人民邮电出版社出版发行　　北京市丰台区成寿寺路 11 号
　　邮编　100164　电子邮件　315@ptpress.com.cn
　　网址　https://www.ptpress.com.cn
　　雅迪云印（天津）科技有限公司印刷

◆ 开本：700×1000　1/16
　　印张：10.5　　　　　　　　　2022 年 12 月第 1 版
　　字数：288 千字　　　　　　　2022 年 12 月天津第 1 次印刷

定价：69.80 元

读者服务热线：(010)81055296　印装质量热线：(010)81055316
反盗版热线：(010)81055315
广告经营许可证：京东市监广登字 20170147 号

前　言

写作背景

近年来，短视频行业发展迅猛，随着5G时代的来临，全民短视频时代正在到来。腾讯在2020年重磅推出微信视频号（以下简称视频号），开始大力发展短视频业务。视频号背靠用户数十多亿的微信平台，拥有庞大的用户基础，并且有腾讯的资金、流量扶持，还与腾讯旗下的众多功能产品进行互联，短短两年多便迅速崛起，成为短视频领域的代表产品，越来越多的人开始布局视频号。为了帮助大家转变思维方式，更好地运营视频号，本书应运而生。

本书特色

条理清晰，通俗易懂： 本书内容安排逻辑性强，全书以"了解视频号—找准账号定位—创建视频号—拍摄与剪辑—运营技巧—实现变现"为主要脉络，语言简洁，通俗易懂。

拍摄剪辑，助力创作： 本书站在初学者的角度，详细介绍了视频号内容的拍摄与剪辑，主要以剪映软件为例，图文并茂地进行剪辑指导，帮助读者轻松攻克视频剪辑、调色以及字幕、音效和特效的添加等诸多技术难题。

运营技巧，全面多样： 本书从微信生态矩阵、引流"涨粉"、账号运营三大方面，详细介绍了视频号的多种运营技巧，力求让读者迅速上手，掌握视频号运营诀窍。

变现方式，转化流量： 本书介绍了微信视频号变现的六大方式，帮助读者掌握流量转化的方法，拓宽盈利路径。

内容框架

本书共10章，详细讲解了视频号的功能玩法，短视频的拍摄、剪辑等内容，同时为读者精心总结了视频号的运营技巧和变现途径。

第1章： 概述视频号的基本内容，让读者能够快速对视频号这个产品有较为全面的了解。

第2章： 主要从账号定位、人设定位、热门内容三大方面向读者介绍有关视频号定位的内容，帮助读者打好视频号运营基础。

第3章： 主要讲解如何创建视频号，以及成功创建视频号之后的基本设置，让读者顺利开启视频号运营的第一步。

第4章： 主要介绍视频拍摄的相关知识，包括拍摄前的准备、运动镜头的使用、特定镜头的拍摄、镜头节奏的把握、如何保持画面稳定、构图技巧的运用等，让读者能够轻松拍摄视频。

第5章： 介绍视频剪辑的常用软件及其常用功能，包括初步剪辑、添加字幕、处理音频等，希望帮助读者创作出优质视频。

第6章： 主要介绍如何在视频中添加特效，让视频更加生动，如借助美颜美体、应用抠图抠像、添加转场效果、选用剪辑功能等。

第7章： 简单介绍与视频号同属微信生态矩阵的微信特色功能，包括公众号、小程序、朋友圈、微信社群和微信小商店等，帮助读者借力微信生态短评进行账号运营。

第8章： 主要介绍为视频号引流"涨粉"的方法，包括微信生态内的引流与其他平台的引流。

第9章： 主要介绍视频号的运营方法，如分析数据、使用技巧、控制节奏等，还简单列举了视频号的运营要点，帮助读者实现高效运营。

第10章： 分析视频号变现的类型与方法，让读者能够全方位了解视频号变现获利的商业模式，将粉丝流量转化为真实的盈利。

读者对象

本书适合广大自媒体创业者和以短视频为营销途径的电商、微商团队相关人员阅读，也可以作为培训机构、新媒体公司、短视频电商用户的参考书。

编者

目 录

第 5 章

上手操作，轻松玩转视频剪辑

第 6 章

精美特效，巧用技术优化画面

━━━━━ 第 7 章 ━━━━━

多方联动，融合微信生态矩阵

━━━━━ 第 8 章 ━━━━━

流量经营，运用技巧引流"涨粉"

第1章

全面了解，
发现视频号的商业价值

　　视频号不缺用户，也不缺流量，其商业价值自然不容小觑。本章将从视频号的基础信息、具有的价值、运营受众、重要入口、具体玩法、算法特点6个方面进行介绍，使读者经营视频号更加得心应手。

1.1 入门须知，揭开神秘面纱

在运营视频号之前，我们首先要了解视频号的基本信息，本节将从以下3个方面介绍视频号的时代背景、作用和特殊地位。

1.1.1 迎接短视频时代

顾名思义，短视频是一种时长比较短的视频。短视频作为互联网中的一种新型传播载体，在互联网上掀起了一波热潮。通常时长在5分钟以内的视频统称为短视频。短视频由于时长短，浏览者可以利用碎片化时间观看；同时相比文字和图片，短视频的用户体验更好。

短视频的出现为大众提供了新的娱乐方式，同时也悄然改变了大众的生活习惯。第49次《中国互联网络发展状况统计报告》显示，截至2021年12月，我国短视频用户规模已达9.34亿；《2021年Q2移动互联网——行业数据研究报告》显示，截至2021年6月，我国移动网民人均App每日使用时长为5.1小时，短视频App人均单日使用1.5小时；同时，短视频行业的用户人均日使用时长达90.7分钟，同比增量为10.2分钟，领先于其他行业，如图1-1所示。短视频已经成了人们生活中的一部分。

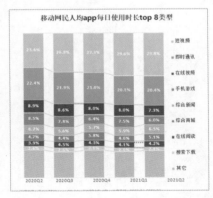
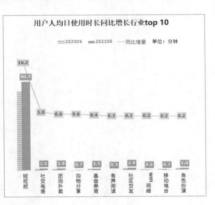

图 1-1

1.1.2 既是平台又是窗口

腾讯官方曾明确指出，视频号"是微信生态战略性产品，是连接内容与交易的重要窗口"。这句话反映了一个重要信息：腾讯对视频号的商业价值非常看重。视频号不仅是一个短视频平台，也是连接微信各个功能的内容窗口，比如"视频号+公众号""视频号+朋友圈""视频号+搜一搜"等，使用户在微信上发布的内容能更广泛地传播。同时，视频号也是一个交易窗口，比如"视频号+电商""视频号+直播"等，具有持续成交的商业价值。

1.1.3 微信的战略武器

2020年1月，微信创始人张小龙在一场微信公开课上发出预告："微信的短内容一直都是我们要发力的方向，顺利的话可能近期会和大家见面。毕竟，表达是每个人天然的需求。"于是，在这场公开课结束半个月后，视频号跟公众见面了。

作为腾讯进军短视频领域的一把"利剑"，视频号旨在为腾讯在短视频市场划开一道口子。可以说，视频号是微信的战略级"武器"，这主要体现在以下3个方面。

1. 弥补腾讯在短视频领域的竞争力短板

腾讯作为国内知名互联网公司，却在短视频领域较为沉寂。虽然此前腾讯推出过微视、即刻视频、闪咖、速看视频，但都没有占据较大的市场份额，反响平平。因此，腾讯急需一个有影响力的短视频产品来完善自己的生态产业链，使自己在短视频市场上有一席之地。

2. 抓住有利时间节点推出

腾讯推出视频号的时间节点恰恰是5G技术面世、即将全面应用于社会各个行业的关头。

每一次移动通信技术的更新都会带来文化产业的巨大变革。4G让移动互联网的应用更加深化，提高了移动互联网的网速，降低了使用成本，所以基于更高需求的短视频和直播应运而生。而5G时代的到来也释放出一个信号：包括短视频在内的各种视频形式将成为5G时代重要的信息产品形态、社交互动形态和娱乐休闲形态。腾讯在这个关键点推出视频号，必定要在5G的风口大干一番。

3. 短时间内多方流量导入

日活跃用户数高达10亿的微信，几乎是国内用户必备的社交软件，而视频号与微信绑定，立足于微信生态。这是之前腾讯其他短视频产品所没有的待遇，决定了视频号的起点非常高。另外，在视频号开局阶段的推广中，腾讯邀请了许多流量巨大的名人还有诸多垂直领域的领军人物参与视频号内测，借此增加视频号的流量。

视频号正式推出以后，微信也进行了多次版本升级，每次升级都为视频号提供了新的流量入口。图1-2所示为视频号2020年更新节点图。

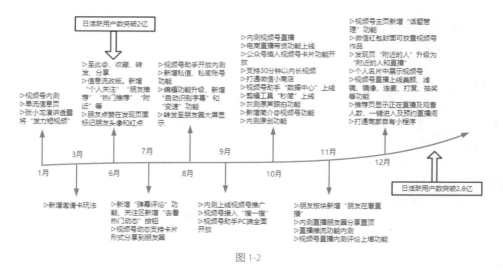

图 1-2

2020年年底，视频号开通朋友圈广告主功能；2021年春节，视频号与微信定制红包封面被打通，并开启视频号直播提醒功能；2021年3月，视频号与公众号正式被打通；2021年5月，朋友圈可嵌入视频号内容……从前后的一系列操作可以看出，无论是公众号的长尾流量，还是朋友圈的流量、聊天的流量、附近的人的流量，最终都指向了视频号，腾讯对视频号的重视可见一斑。

1.2　认识价值，视频号四大特质

想要运营好视频号就必须了解视频号的特质。弄清楚视频号的风格、规则，了解视频号的价值之后，就能达到事半功倍的运营效果，也能更好地预测视频号未来的发展趋势。

1.2.1　准入门槛低

腾讯对于视频号的定义是：视频号是一个人人都可以记录和创作的平台，也是一个了解他人、了解世界的窗口。其中，"人人都可以"便是视频号诞生的初衷，表明视频号几乎没有准入门槛，每个人都可以加入。

与图文形式的公众号相比，视频号的创作门槛显然更低。篇幅较长的公众号文章，对于许多普通人而言，写作起来稍有些难度，内容质量也难以保证。而短视频则不同，在手机功能日益强大的当下，人们遇到生活中精彩的瞬间，拿起手机随手一拍，就可以形成短视频作品。

1.2.2　天然社交优势

与其他短视频平台相比，视频号的内容可以在微信生态内畅通无阻地被分享，这就是视频号具有的天然社交优势。视频号运营者发布的短视频在被用户点赞后，会出现在该用户微信好友视频号的"朋友"界面。用户点赞短视频的行为等于将短视频推荐给了用户所有的微信好友，如果此时好友中又有人点赞，短视频会再次得到传播。这种基于社交好友的裂变式传播，能够极大提高视频号内容的曝光率。同时，视频号运营者发布的短视频可能出现在其微信好友的视频号"推荐"界面，即便这些好友并未关注运营者的视频号，这无疑也在一定程度上提高了视频号内容的曝光率。

1.2.3　有微信大流量红利

截至 2021 年第三季度，微信注册用户数已达 12.6 亿。如此庞大的用户基数是其他互联网软件难以企及的，且在下一个能够替代微信的社交产品出现之前，这一局面将长期保持下去。同时，微信是典型的强关系产品，基于强关系的微信用户对微信有着天然的信赖感，使得微信及其相关产品的用户黏性更强。微信自带的强大号召力使得视频号更容易获得流量红利。

根据数据显示，截至 2021 年 12 月，视频号日活跃用户数超 5 亿，人均使用时长超 35 分钟，如图 1-3 所示。2022年，视频号日活跃用户数预计超 6 亿。视频号借助微信大流量，正势不可当地快速发展。

图 1-3

1.2.4 身处腾讯商业闭环

商业价值是平台持续发展的动力来源，商业价值的高低几乎决定了一个平台能走多远。换言之，短视频平台最终能否形成一个可持续的创作者生态，最重要的是能否让创作者赚到钱。创业者、商家或企业进驻视频号，目的都是实现商业变现，而视频号独特的商业价值能够助力创业者、商家或企业更迅速地实现商业变现。

视频号虽然起步较晚，却因为身处微信生态圈而潜力十足，早已和微信公众号、社群、小商店、小程序、搜一搜、朋友圈等打通，也具备了直播功能。这些功能的组合形成了一个商业闭环，使视频号具备了持续成交的商业价值，如图1-4所示。

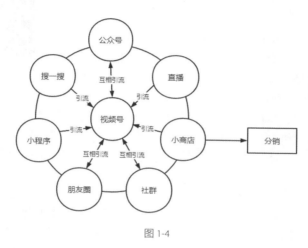

图1-4

1.3 人人皆可创作，浅析运营者的特点

视频号就像一个大舞台，每一位运营者都扮演着自己的角色。下面将分析视频号不同运营者及他们运营视频号的特点。

1.3.1 企业

近几年，短视频的热度不断增长，很多企业都后悔没有抓住机会布局抖音、快手等平台。视频号推出后，因为可以连接品牌与用户，所以很多企业产生了运营视频号的想法。视频号吸引了很多企业，符合条件的企业可以申请视频号企业认证，申请成功后账号中会有"蓝V"标志。企业运营视频号有以下几个特点。

（1）注重品牌营销

企业运营视频号更注重品牌营销，希望通过视频号增加品牌的曝光度，让更多用户了解品牌、认识品牌。企业的视频号就像一个动态的官方网站，用户可以通过视频号了解企业产品及文化等相关信息。

（2）精准获取用户

近几年，随着流量红利的减少，如何精准获取用户成了企业的难题。企业可以利用视频号精准获取用户，再与公众号、社群、直播、小程序等结合起来，推动用户消费，从而带来更多的营收。

（3）有专门团队运营

在公众号时代，很多企业都有自己的公众号运营团队。随着用户的时间逐渐被短视频占领，公众号的运营效果逐步下降，有些企业也随之缩减了运营公众号的预算。2020年年初，视频号还在内测阶段时，有些企业便像当年搭建公众号运营团队那样筹备视频号运营团队，招聘拍摄、剪辑、文案撰写、社群运营等方面的专业人才。目前，包括京东、网易云音乐、汽车之家、贝壳找房在内的多家互联网公司都已经开始运营视频号。图1-5所示为网易云音乐的视频号。

图 1-5

1.3.2 创业者

近几年，随着互联网与传统行业的结合，电商平台获得了越来越多的用户，如果将产品转型线上，搭建线上店铺，则需要大量的流量。而视频号能够解决这个问题，因为它能积累并维护客户。视频号建立在微信生态下，创业者可以利用老客户为视频号度过冷启动期。

同时微信支持搭建线上店铺，创业者可以通过视频号直播卖货；如果同时注册了公众号，还可以与视频号绑定，将产品信息写在公众号文章中，并在发布短视频时关联文章。淘宝所拥有的功能在微信生态下基本都可以实现。所以，作为创业者，如果没有赶上抖音、快手的红利期，那么你一定不要错过视频号。

1.3.3 自媒体人

第一批通过视频号变现的人大多是自媒体人，因为他们对互联网新生事物比较敏感。而且，自媒体人中有很多是公众号运营者，他们在公众号运营过程中面临的问题就是文章的打开率低，没有公域流量。视频号就是为了解决公众号打开率低的问题而诞生的。

随着短视频的发展，很多广告主将广告投放到短视频平台，因此，自媒体人可以将视频号作为一个新渠道。视频号是与朋友圈、社群关系最近的一个平台，也是不可忽视的超级流量平台，它能够帮助自媒体人获取私域流量。

1.3.4 新媒体运营者

新媒体运营是指通过现代化互联网进行产品宣传、推广和营销，运营者需要向客户广泛或者精准推送产品信息，增强用户的参与度，提高产品的知名度。

通过视频号，新媒体运营者可以输出自己专业领域的知识，树立专业、立体的个人品牌形象，再通过直播答疑等精准吸引用户，让个人的知名度不断提高，且能持续渗透到用户的生活圈中，形成独特的影响力，从而有利于开展商业活动。

1.3.5 视频号玩家

视频号玩家大多是利用视频号填补碎片时间，或是拍摄短视频分享生活。视频号与抖音、快手相比具有很强的社交性，通过页面中的"朋友"列表，视频号玩家可以很轻松地实现与好友之间的互动，在观看短视频的同时还能享受与朋友社交带来的快乐，这是视频号独特的推荐机制带来的体验，是其他短视频平台所不具备的。

1.3.6 社会团体组织

社会团体是指为一定目的、有一定人员组成的社会组织，他们的视频内容具有较精准的受众人群，但是由于视频内容比较特殊，不容易在抖音、快手等平台获得广泛传播。而这类视频可以利用视频号实现广泛的传播。视频号在为视频分配公域流量之前会先将视频推送至好友视频号"朋友"列表中，如果视频数据不错，视频号则会为视频配送更多的公域流量，从而起到广泛传播的作用。

1.4 列举重要入口，知晓微信"偏爱"

产品的入口数量决定了流量。视频号在上线初期就与公众号关联，后期又与微信小商店、直播、搜一搜、看一看等子产品关联。由此可见，视频号的流量潜力是非常巨大的。下面将介绍视频号的4个重要入口，分别是"发现"界面入口、"我"界面入口、"搜一搜"入口和"公众号"入口。

1.4.1 "发现"界面入口

"发现"界面入口是视频号的一个重要入口。在微信的"发现"界面中，"视频号"就位于"朋友圈"下方，如图1-6所示。这是视频号的第一大入口，视频号刚上线时也只有这个入口。用户只需点击"视频号"，便可进入视频号的"推荐"界面。

1.4.2 "我"界面入口

2020年12月13日，微信在"我"界面中增加了视频号的入口。如果用户在视频号主页设置了开启"在个人名片上展示视频号"功能，那就可以在"我"界面中看到视频号入口，如图1-7所示。用户点击"视频号"后可以进入视频号主页。

图 1-6

图 1-7

1.4.3 "搜一搜"入口

用户进入微信"搜一搜"界面，可以在其中选择自己想要搜索的内容，分类有小程序、视频号、公众号、朋友圈、文章等。用户输入搜索的关键词后，选择"视频号"分类，即可进入视频号动态界面。例如，搜索"长沙"，然后选择"视频号"分类就能找到名字中带有"长沙"的视频号，如图1-8所示。

图1-8

1.4.4 "公众号"入口

视频号与公众号已经实现了互通，在各自的主页都有对方的入口，如图1-9所示。

公众号运营者发布公众号文章时可以选择关联视频号，一篇文章中最多可以插入10个视频。文章发表后，用户在看文章的同时也可以看视频。如果用户对视频感兴趣，就可以直接关注视频号。已经积累了一批粉丝的公众号运营者可以直接将这批粉丝转移到视频号。视频号运营者在发布视频时，也可以选择关联公众号文章，文章的内容可以作为视频的补充。

同时，微信的"看一看"功能也能从公众号为视频号引流，如图1-10所示；点开视频后再点击创作者的名字，便能进入创作者的公众号，这时就可以从公众号进入视频号，如图1-11所示。

图1-9

图1-10

图1-11

1.5 熟悉功能界面，解锁具体玩法

上一节介绍了视频号的入口，本节将对视频号的界面布局、具体玩法进行详细介绍，使视频创作者运营视频号更加得心应手。

1.5.1 "推荐"界面

进入视频号后，用户看到的是默认的"推荐"界面，如图1-12所示。向下划动界面即可切换到其他视频，点击界面即可暂停播放，界面中包含视频创作者的名字、视频的描述以及评论 、点赞 、收藏 、转发 按钮。

如果在视频号中刷到了精彩的、好玩的视频，用户可以对视频进行点赞或者"收藏"，这样不仅可以将自己感兴趣的视频保存起来，如图1-13所示，还能给视频号带来额外的流量。

除了点赞之外，用户还可以对视频进行评论。微信作为一款社交软件，需要营造参与感，用户可以通过点赞、评论等方式进行互动。评论是视频号中核心的交流手段，评论区除了是创作者与粉丝、好友之间沟通的桥梁，还是粉丝群体的共同社区。

评论按钮 位于视频右下角，按钮下方会显示评论的数量，点击"评论"按钮可以进入评论详情界面，如图1-14所示。

图1-12

图1-13

图1-14

在评论详情界面中，用户可以查看相关评论的发布时间、发布者和相关内容。点击某条评论右侧的灰色"心形"按钮可以对该评论进行点赞，也可以点击评论发布者的头像进入其个人主页。除此之外，用户还可以在评论详情界面底部的评论窗口进行评论内容的编辑和发布。

除了点赞和评论外，分享也可以表达对视频内容的认同。一方面，社交通常讲究礼尚往来，不吝啬自己的分享，才能换来同等的尊重和分享；另一方面，在微信中善于分享可以提高自己的人气。点击视频界面右下角的"转发"按钮 ⤤ ，可以打开分享界面，如图1-15所示，可以将视频转发给朋友或分享到朋友圈。

图1-15

在转发过程中，可以添加想说的话，如图1-16所示。分享到朋友圈的动态，还可以再次进行点赞、评论、分享和删除。

如今视频越来越多，用户的审美水平也在提高，对自己喜好的定位也越来越精准。用户在遇到自己喜欢的、感兴趣的视频时，不仅可以点赞、评论、转发，还可以通过关注的方式，了解此人的更多信息，或找到更多的同类视频。

在视频号首页中刷到喜欢的视频时，点击视频创作者的头像，即可进入其个人主页，点击"关注"按钮即可进行关注，如图1-17所示。

图1-16

图 1-17

1.5.2 "关注"界面

除了"推荐"界面之外，视频号首页还有"关注"界面。用户关注的所有视频号或公众号所发的视频都将在这个界面中显示，如图1-18所示。

1.5.3 "朋友"界面

视频号首页还有"朋友"界面。该界面中显示的视频是用户好友发布的视频、好友点赞的视频和多位好友观看过的视频，如图1-19所示。

图 1-18   图 1-19

1.5.4 "搜索"界面

视频号首页的另一个功能是搜索。这也是大多数人常用的一个功能。在搜索栏中输入关键词可以精准定位自己想看的内容。

图1-20

搜索栏的位置并不显眼，甚至很容易被用户忽略，如图1-20所示，但其实它大有用处。用户利用用搜索栏，可以搜到视频创作者及相关内容。例如在搜索栏内搜索"旅游"，即可搜到相关的视频账号及动态，如图1-21所示。除此之外，搜索界面中会显示搜索历史，同时用户也能清空历史，如图1-22所示。

图1-21

图1-22

1.5.5 "我的"界面

用户注册好视频号账号之后，点击视频号首页顶端右上角的"我的"按钮，即可看到相关动态及信息，如图1-23所示。

图1-23

由图 1-23 可看出，在该界面能查看关注的视频号、互动的动态以及自己的视频号等。而在"我的视频号"中，可以生成视频号的二维码。

接下来具体介绍生成二维码的操作方法。

01 点击"我的视频号"中的头像，即可打开个人主页，如图 1-24 所示。

02 点击右上角的"更多"按钮，进入"设置"界面，如图 1-25 所示，可以对账号进行设置。点击"我的二维码"按钮生成二维码，如图 1-26 所示，然后就可以将二维码保存到相册并分享名片给好友。

图 1-24

图 1-25

图 1-26

1.6　了解算法特点，助力账号"出圈"

视频号作为微信的子产品，在推荐算法上极大地利用了微信的社交优势和用户基础，使其能与抖音、快手等区分开来。下面将全面介绍视频号的推荐算法，视频号运营者了解其机制，能相应地获取更多的推荐，快速获取流量。

1.6.1　视频号的算法特点

视频号的推荐算法主要为"社交推荐+机器推荐"。如果微信好友点赞、评论、转发运营者的视频，说明视频受欢迎，视频号便会根据视频得到的微信好友点赞、评论、转发量，让视频进入机器推荐池，即进入"推荐"界面，从而获得更多的曝光机会。

表 1-1 是视频号与抖音、快手的区别。视频号的推荐算法具有去中心化的特点，运营者的视频即使没有进入机器推荐池，只要有微信好友的点赞、评论及转发就能够进入冷启动期，而进入机器推荐池的视频的播放量会成倍增长。在抖音和快手中发布的视频首先会被分配到一个基础的流量池中，如果视频的点赞量、转发量高，视频就会进入下一个流量池；如果数据不好，就会被冷藏。

表 1-1

平台	产品形态	功能特点	平台算法	流量特点	变现方式	内容特点
视频号	微信中的一个功能	快速迭代、逐渐完善	社交推荐+机器推荐	公域流量+私域流量	广告、带货、资源链接	原创、真实、个人创作居多
抖音、快手	独立 App	功能稳定、更重视商业化	机器推荐	公域流量	广告、带货	原创、包装、团队制作为主

视频号的官方流量分配机制也有其特点：利用长尾效应反复提高视频热度。

视频号作品在发布后的第3个小时、第6个小时、第19个小时和第24个小时，会得到系统的基础推荐。而在视频号作品发布后的第48个小时和第72个小时，系统会进行微度推荐。如果72个小时以后视频号作品仍然有用户观看、点赞和评论，该作品将会被反复推送。

这就是视频号的官方流量分配机制，遵循"3+6+9+24+48+72"这一法则，如图1-27所示。把握好视频号作品发布后的这几个时间点，对于打造"爆款"内容，让作品获得较大范围的传播非常有益。

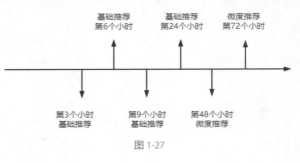

图 1-27

视频号作品发布后，系统首先会将其推送给视频号的关注者或者运营者的好友，如果关注者或好友不感兴趣，那么该作品就不能进入更大的流量池。如果关注者或好友感兴趣，则会触发官方流量分配机制，该作品将会进入更大的流量池，获得更高的权重，进而获得更多的被推荐机会。

1.6.2 基于好友点赞的推荐算法

视频号与其他平台相比，一个很大的区别在于推荐算法。视频号的核心推荐算法是社交推荐，即如果微信好友为视频点赞，那么他的微信好友就能在"朋友"界面看到点赞的视频。运营者发布视频后，系统会根据点赞率决定是否为视频分配更多的流量。

如果点赞数多，那么视频被系统推荐的概率就会更大。对视频点赞代表对视频内容的认可，如果想要获得更多的流量，运营者就需要创作优秀的视频，这样视频才会被更多人认可。

1.6.3 基于视频标签的推荐算法

当用户在视频号中浏览或者搜索视频时，系统会记录用户的行为并给用户打标签。同时，运营者发布视频时，系统也会自动给视频打标签，随后系统会根据用户的浏览习惯为用户推荐与其标签一致的视频。

系统一般通过以下3种方式给视频打标签。

1. 视频号的名称

通过视频号的名称，系统能够自动识别出视频属于哪个领域。例如，如果视频号的名称中含有"美食"，如图1-28所示，系统就会根据该名称将视频标记为美食类视频。用户在搜索与美食相关的视频时，系统就能够根据标签向用户推荐该视频。这也是系统为视频打标签时使用的一种非常直接的方式。

2. 视频添加的话题

如果运营者在发表视频时添加了话题，那么系统会通过添加的话题为视频打标签。用户在视频号的主页能看到相应的标签，可以通过标签查看视频，如图 1-29 所示。

所以，运营者在发表视频时添加话题能够让系统更容易识别内容。这样当用户搜索相关内容时，系统就会将相关视频推荐给他。

3. 视频中的文字和图片

系统还会自动识别视频中的文字及图片，通过它们来为视频打标签。例如，如果视频中带有与美食相关的关键词或图片，如图 1-30 所示，系统就能够判断出运营者发布的视频与美食相关。当运营者上传视频时，系统就已经为视频打上了标签，将视频归类为美食领域。所以，运营者在发布视频时应尽量添加与内容相符的关键词或图片，从而使系统将自己的视频推荐给有需求的用户。

图 1-28

图 1-29

图 1-30

1.6.4 基于热度的推荐算法

视频号会在推荐视频列表中为用户推荐热度较高的短视频。如果用户长时间只看某一类视频，很可能会产生厌烦情绪，而看到一个新鲜视频时往往会感到惊喜、新奇。所以，为了给用户良好的体验，系统除了给用户推荐感兴趣的视频外，还会随机推荐一些热度高的视频。这部分的视频主要在推荐列表中显示，如图 1-31 所示。

这样用户既可以观看、满足好奇心的视频，系统还可以验证用户是否对系统推荐的视频感兴趣。

图 1-31

1.6.5 基于关注的好友或公众号的推荐算法

基于已关注的视频号的算法是指用户在"关注"界面中能够看到自己关注的好友或公众号发布的视频，如图1-32所示。

张小龙预测，未来在视频号的推荐算法中，社交推荐算法与热度推荐算法的比例将是1:10。视频号现在以社交推荐算法为主，因为内容体系还不够完善，视频的命中率也不够高，所以热度推荐算法的触达范围还没有完全放开。但是当内容更丰富、视频越来越优质时，视频号会以热度推荐算法为主，让有吸引力的内容和视频被更多人看到。

图 1-32

第2章

找准定位,
就能事半功倍

　　我们在做一件事之前一定要先找准方向,这样才能有的放矢。运营视频号也是如此,目前平台中的视频号运营者数不胜数,想要做好视频号,我们在做之前一定要结合自身优势找准定位。本章将介绍视频号的定位方法。

2.1 找准账号定位，明确运营方向

了解了视频号的特点以后，接下来了解视频号的账号定位。在这个网络迅速发展的时代，视频号运营者数不胜数，如果想要脱颖而出，我们最初就应该找准账号定位，明确运营方向。本节将从 3 个方面具体分析。

2.1.1 根据自身优势定位

对于拥有某方面优势的人来说，确定视频号定位非常简单，只要对自己的特长、优点进行分析，然后选择自己最擅长或最具优势的一个方面进行账号定位即可。

例如，某摄影师在很多平台都有账号和粉丝，他可将自己的账号定位为摄影类账号，并以自己的名字命名。图 2-1 所示为他的视频号主页。

再如，一位擅长唱歌的人可以在视频号中分享自己唱歌的视频，等积累到一定数量的粉丝后便可以认证为"音乐人"。图 2-2 所示为视频号中某音乐人的视频号个人主页，他拥有好听的嗓音，获得了很多点赞、评论和转发。

图 2-1

图 2-2

自身优势的范围很广，除了摄影、唱歌、跳舞，还包括其他诸多方面，如游戏玩得精彩、化妆技术优秀等。我们可以将这些优势作为账号的定位，这是一种很好的账号定位方式，也方便持续输出优质内容。

2.1.2 根据目标用户需求定位

大多数人在创作视频时，都希望自己的作品能获得用户的欢迎。因此，根据目标用户需求定位也是一个不错的选择。

例如，如今越来越多的人需要使用办公软件工作，有时自身已有的办公技能难以解决工作中遇到的难题，这类对办公软件操作技术有需求的人就会对相关的视频产生兴趣。视频号运营者如果对操作办公软件比较擅长，将账号定位为"教育博主"就比较合适了。

图 2-3 所示为某教育博主的视频号个人主页。

除了知识，视频号用户普遍需求的内容还有很多，美食制作便是其中之一。许多喜欢做菜的用户会从视频号中寻找一些新菜式的做法。因此，如果视频号运营者擅长厨艺，将账号定位为美食制作分享账号也是一种不错的选择。

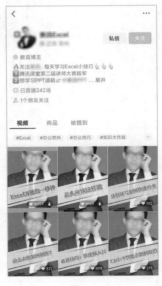

图 2-3

2.1.3　根据品牌特色定位

前面两点定位的方法都针对个人号，企业号则有不同的定位方法。大多数企业或品牌在长期发展的过程中已经形成了自己的特色，视频号运营者根据品牌的特色进行账号定位，比较容易获得认可。

根据品牌特色定位主要可以细分为两个方面，一是以可以代表品牌的形象定位，二是以品牌的业务范围定位。香奈儿CHANEL的视频号就是以业务范围进行账号定位的，这个视频号经常发布与产品相关的动态，如图2-4所示。该视频号的运营者在发布动态时，主要发布与品牌产品相关的内容，辨识度很高，能够给用户留下深刻的印象。

图 2-4

2.2　打造人设定位，塑造账号印象

视频号账号数量庞大，并不是每一个账号都能被用户看到，并被持续关注。确定好账号定位后，视频号运营者还需要为自己打造一个人设定位。一个好的人设相当于一块具有特色的招牌，能更轻易地使用户记住自己，并与其他竞争者区分开来。本节将详细介绍视频号运营者应如何给自己打造人设定位，使自己的账号能在众多视频号中突破重围。

2.2.1　用人设塑造立体形象

仔细观察各领域的短视频达人，很容易发现一个共同点：他们都有自己的人设。人设即人物设定的简称。打造人设的主旨是塑造鲜活、立体的人物形象，也就是塑造在用户面前展示的形象，包括外貌特征和内在个性特点。

人设除了能让用户更迅速地记住自己，其在商业化变现中也越来越重要。树立具备特色的人设不仅仅是打造"爆款"的过程，也是创造产品的道路。视频号运营者需要学会把自己的形象与账号及其内容结合，进而创造更大的利润、价值。

2.2.2　确定人设的5个方法

每个人都有自己的亮点，视频号运营者只需要找到自己的亮点并展示出来，就能吸引到一批粉丝。因此，找到自己的优点、特长是打造人设的前提，具体可以使用以下5种方法。

1. 形象或个性

在接触一个人的时候，我们对他的第一印象就是从其形象产生的，这个人的外貌、特征、穿着、造型等都能够给他人留下印象。例如某舞蹈博主基本上在每一个作品中都会面对观众微笑，这个特点让观众提起她时就会想到一位笑容甜美的舞蹈博主，该舞蹈博主的视频号个人主页如图2-5所示。

图 2-5

由此可见，当视频号运营者在形象或个性方面具有自己的特点时，就能给用户留下印象。除了标志性的笑容，独特的造型、有特色的着装等，都可以帮助运营者树立人设。

2. 兴趣爱好

视频号运营者在塑造人设的时候，一定要选择自己感兴趣的方向，并且要有一定的经验，这样才能持续输出内容。例如，某位生活博主除了会做多种可爱有趣的手工之外，平时最喜欢的事情就是带着孩子做手工，因此她的人设就是"喜欢和孩子一起做手工的妈妈"。她入驻视频号不久，视频就获得了上百个点赞，这就是鲜明人设在视频号运营中发挥的优势。图 2-6 所示为该生活博主的视频号个人主页。

图 2-6

3. 结合自己的生活

视频号运营者在塑造人设时，还应该结合自己的生活，如生活环境和生活中的人。例如视频号中有很多情侣账号、夫妻账号以及视频博客式账号，他们以生活为素材，用不同的方式分享和记录自己的生活。

图 2-7 所示为某生活类视频号的个人主页，该视频号以一个小女孩的一日三餐作为拍摄主题，这样的人设有一个好处就是可以根据日常生活持续更新，不用担心没有拍摄内容。

4. 口头禅

口头禅也是一个人的一种标志。对于视频号运营者而言，有一句口头禅，更容易给用户留下印象。口头禅可以放于视频开头作为开场语，也可以放于视频结尾作为结束语，具体可以根据实际情况安排。

5. 正确的价值观

除了以上 4 个确定人设的方法，还有一个重要的方法，即树立正确的价值观。价值观是人认定事物、判定是非的一种思维或价值取向，简单说就是内心相信和坚持的东西。视频号运营者的人设所呈现的内容就是其价值观的体现。

视频号运营者一定要有正确的价值观，这样才会越走越远。图 2-8 所示为一个情感语录博主的视频号个人主页，正因为该博主的视频文案有正确的价值观，才获得了大量的粉丝和点赞。

虽然短视频时长较短，但是向用户展示的内容有很多，所以人设定位有很大的意义，视频号运营者应在人设定位上多花心思。

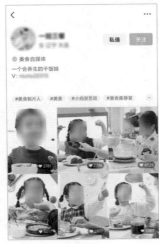

图 2-7

图 2-8

2.3 对标热门内容，了解用户喜好

视频号运营者要时刻对"爆款"保持敏锐的嗅觉，并及时分析、总结它们成为"爆款"的原因，学习别人成功的经验，这样才能事半功倍。视频号从内测到逐渐开放，慢慢产生了一些点赞量达数百万的"爆款"视频。下面总结了视频号中的7类热门内容以供参考。

2.3.1 酷炫技能类：内容出众更抢眼

很多技能都是长期训练的产物，所以当用户看到自己没有掌握的技能时，会感到不可思议。与一般的视频不同，酷炫技能类的视频能让一些用户觉得像是发现了一个新大陆，所以用户很有可能会点赞或转发此类视频。图 2-9 所示为某跑酷运动员的视频号个人主页，因跑酷具备十足的观赏性，又是长期训练才能掌握的技能，故其视频数据都十分可观。

图 2-9

2.3.2 才艺技能类：用艺术疗愈心灵

视频号中有一批具有才艺的高手。才艺不仅仅指唱歌跳舞，很多技能都能被称为才艺，如摄影、绘画、演奏乐器、书法、手工、相声、表演等。在视频号的"推荐"界面中常能刷到才艺技能类视频。图 2-10 所示的视频号将唱歌与情景剧结合，于教室内进行演唱，勾起用户对学生时代的回忆，进而引发共鸣。

图 2-10

2.3.3 美妆美景类：发现美欣赏美

对于"美"的研究，从古至今都没有停止过。这一主题同样出现在了视频号中。当然，这里的"美"不仅仅是指人，它还包括美景、美妆等。视频号运营者可以通过在视频中对美妆、美景进行展示，让用户欣赏美。

除了先天条件外，人想要变美，就有必要在自己所展现出来的形象和妆容上下功夫。从景物出发，日常生活中就充满了动人心魄的美景，只是鲜有人能挖掘出这份美，而通过高超的摄影技巧，如精妙的布局、构图和特效等，就可以将这份美呈现出来，从而打造出一个高推荐量、播放量的短视频。图 2-11 所示的视频号凭借高超的拍摄技巧拍摄旅途中让人印象深刻的风景，从而获得大量用户的点赞与关注。

图 2-11

2.3.4 生活技能类：受众广泛有流量

许多用户在视频号中是抱着好奇心理刷视频的，生活技能类视频就能满足用户这一心理。当用户在视频中看到自己不知道但很实用的技能时，就会觉得很新奇。这些技能既包括各种绝活，又包括一些小技巧。图 2-12 所示的视频号分享的内容既有趣又实用，吸引了很多人关注。

此外，还有抓娃娃等娱乐技能，快速点钞、创意堆造型补货等超市技能，剥香肠、懒人嗑瓜子、剥橙子等"吃货"技能，叠衣服、清理洗衣机、清理下水道等生活技能。由于这类技能都是用户通过视频就能学会并运用的技能，且男女老少都用得着，因此受众很广。与其他类视频不同的是，生活技能类视频很实用，从而可以引发用户收藏甚至转发。因此，这类视频只要实用，播放量就会较高。

图 2-12

2.3.5 情感治愈类：引发共鸣有市场

情感治愈类视频能够引发用户的情感共鸣，使用户产生"原来这个博主跟我一样，他懂我"之类的想法，进而加深视频号运营者与用户之间的联系。

情感治愈类视频通常会采用真人出镜的方式，对生活中经常发生的关于人际交往、家庭关系、情侣关系等的情感问题发表自己的看法、见解。在这个过程中，情感治愈类博主会采用直白的语录分享方式，将他人或个人的故事融入其中，娓娓道来，使用户从这些故事中联想到自己，进而与博主产生共鸣。

采用动漫、情景剧等形式来打造情感治愈类视频的博主也不少。图 2-13 所示的视频号便是采用动画形式打造内容，其通过动画来探索感情纠葛、传递正能量，内容具有很强的治愈性，很受用户的欢迎。

2.3.6 萌宠萌娃类：可爱舒心很吃香

萌往往和可爱相关联。所以，许多视频号用户在看到萌的事物时，都会忍不住多看几眼。在视频号中，萌宠、萌娃类的视频常常能吸引用户的目光。

萌娃深受用户喜爱。萌娃本身就很可爱了，他们的一些举止还非常有趣，所以与萌娃相关的视频，能很容易地吸引许多用户的目光。

萌不是人的专有形容词，小猫、小狗也可以很萌。许多视频号运营者把萌宠在日常生活中惹人怜爱、憨态可掬的一面通过视频展现出来，吸引了很多的用户，特别是喜欢萌宠的用户关注。图 2-14 所示的视频号以宠物为拍摄主体，内容以与宠物互动为主。

图 2-13

2.3.7 搞笑趣味类：轻松有趣又解压

搞笑趣味类的视频和搞笑博主一直都很受用户欢迎。视频号中推荐率比较高的搞笑趣味类视频有自制搞笑趣味类视频、相声曲艺等。在视频号中，运营者可以拍摄各类原创幽默的段子，变身搞笑博主，从而获得大量用户的关注。图 2-15 所示的视频号便以精心设计的剧本和充满反转的剧情而备受关注。

视频号中大部分搞笑段子都源于生活，与普通人的生活息息相关，用户观看时会产生亲切感和代入感。除此之外，搞笑趣味类视频的内容丰富多样、覆盖面广，不容易让人产生视觉疲劳，这也是搞笑趣味类视频一直很受欢迎的原因之一。

图 2-14

图 2-15

第3章

有序操作，
从零开始做视频号

　　知悉关于视频号定位的知识后，尝试着开启运营视频号的大门，是视频号运营者通向成功的必经之路。视频号运营者只有踏踏实实地从基础做起，走好每一步，才能离成功越来越近。

3.1　正式创建账号，迈出成功第一步

创建视频号账号的方法十分简单，运营者先点击微信的"发现"界面中的"视频号"，进入视频号主页面，点击右上角的人形图标，即可进入"浏览设置"和"我的视频号"界面。

然后点击"我的视频号"中的"发表视频"或"发起直播"按钮，都可跳转至"创建视频号"界面，如图3-1所示。

在这一界面中，视频号运营者需要设置视频号的头像、名字、性别、地区和选择是否在个人名片上展示视频号，阅读并同意《微信视频号运营规范》和《隐私声明》。完成一系列操作以后，视频号账号创建成功，其中视频号的名字最多能包含20个字符（1个汉字占2个字符，1个字母或数字占1个字符）。

创建视频号账号后，如果视频号运营者同意在个人名片上展示视频号，如图3-2所示，那么点击"我"按钮，该界面中将会出现"视频号"，如图3-3所示。点击"视频号"，视频号运营者就可进入视频号个人界面，看到自己发布的视频。

值得注意的是，视频号对账号名字的修改设有限制，每个视频号一年只能改名5次，每年1月1日恢复可修改次数。已认证的视频号需取消认证后方能修改名字，修改后可重新申请认证。因此，视频号运营者如果还未想好要取一个什么样的名字，可暂不创建，想好了之后再填入相关信息。

还有一点需要注意的是，由于视频号与个人微信账号属于强绑定关系，如果开通的视频号是个人运营，将不会产生争议，但如果开通的视频号是为企业服务，那么建议在开通前，企业应与相关微信账号的拥有者阐明利害关系，必要时签订约定条款说明视频号权属，以免后继出现不必要的麻烦。

图 3-1

图 3-2

图 3-3

3.2　设置账号信息，让用户记住账号

视频号运营者创建了视频号账号之后，只是完成了运营视频号的第一步，想要达到最终的目的，视频号的名字、头像、简介、标题封面等，一个都不能忽视。本节将介绍如何打造一个让用户记得住的视频号。

3.2.1 名字：好名字更容易被人记住

按照规定，视频号的名字不能超过20个字符，每年可以修改5次，如图3-4所示。视频号的名字最好能够体现视频号的定位及特点，并且要通俗易记。

一个清晰明了的名字，不但有利于用户记住你的视频号，也可以帮助你为后期的宣传打下基础，吸取更多的粉丝和流量。接下来介绍4个取名的思路。

1. 真名或艺名

如果做视频号的目的是打造个人IP，那么直接用真名或艺名作为视频号名字是最直接的，如图3-5所示。

视频号的名字是不能重复的。那么从某种意义上来说，注册视频号名字就如同注册商标一样，除了受保护的品牌，谁先注册谁就能先用。用真名或艺名的好处就是能提高辨识度，适合需打造个人IP和已经有一定粉丝基础的视频号运营者使用。因为对有名气的视频号运营者来说，其名字就是一个招牌，能够吸引更多的粉丝和流量。

2. 名字 + 行业领域

用真名或艺名取名较适用于有一定影响力的视频号运营者，而一个没有粉丝基础的普通人可以在自己的名字后面加上行业领域。

这种取名方法的好处是可以给视频号打上标签，用户一看名字，便能了解视频号主要发布的视频内容，除此之外，还更便于垂直领域的粉丝对视频号进行关注。比如，如果准备做美食领域的视频内容，可以取名为"××家常菜""××做饭""××美食"等，如图3-6所示。

3. 名字中加入数字

在名字中加入数字，可以起到强调的效果，同时也能引起用户的好奇心。比如"十点读书××""30秒××""一分钟×××"等，如图3-7所示。

"十点读书××"这个名字让用户能够直接判断出账号发布动态的时间，十分具有特点和辨识度，甚至还能达到培养用户按时看视频的习惯。

再如"30秒××"和"一分钟×××"这类名字，通过"30秒""一分钟"这样的词语告诉用户，用户在很短的时间内就能看到精彩内容、学到干货技巧，能够很好地吸引渴望利用碎片化时间学习的用户，使其对账号进行关注、点赞以及分享。

图 3-4

图 3-5

图 3-6

图 3-7

4. 突出关键词取名

给视频号取名，就像为一篇文章取标题一样，可以突出关键词。如果视频号是旅游领域的，则可以结合"旅行"这个关键词，与其他的名词或形容词进行组合，比如"旅行收藏家""环球旅行VLOG"等，如图3-8所示。

图 3-8

使用关键词取名时要注意，关键词的排名有高有低。比如在视频号中搜索关键词"美妆"，排名第一的却是"-天天运动"，如图3-9所示。

关键词的匹配度、好友关注度、账号活跃度等都会影响搜索排名。如果名字中带有高频搜索的关键词，就相当于名字自带了流量，因为用户在搜索时会搜到相关视频号。

01 在微信搜索栏中搜索"微信指数"，选择"微信指数小程序"，如图3-10所示。

02 进入小程序后，如图3-11所示，在搜索栏内输入想查询的关键词，即可查看关键词的排名。

03 选择所搜索的关键词，可以看到指数详情，包括当日搜索指数、日环比等详细信息，如图3-12所示。

图 3-9

图 3-10

图 3-11

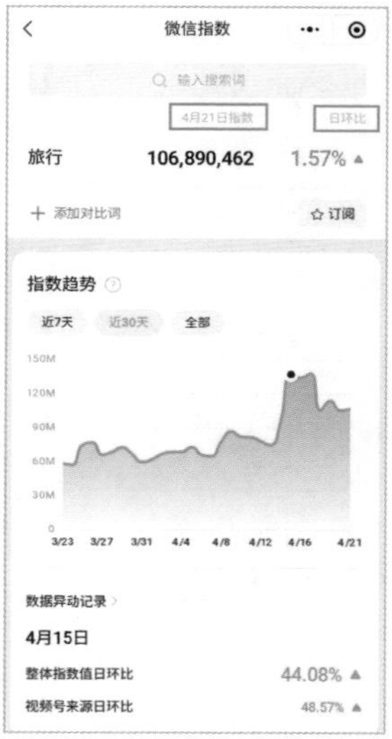

图 3-12

以上即为视频号取名的一些思路和方法，运营者可以根据实际情况进行参考。值得注意的是，视频号的审核是很严格的，所以千万不要通过创建不符合规定的名字博取关注。只有认真输出自己领域内的内容，给自己的视频号取一个朗朗上口、通俗易记的名字才是成功之道。

3.2.2　头像：小头像有大技巧

说完名字，再来说说头像。头像也是影响用户对视频号的第一印象的重要因素，所以一定要独特、清晰、醒目。

如果要修改视频号的头像，可点击设置界面中的"资料设置"，如图3-13所示。进入资料界面，点击"头像"即可从手机相册中选择新头像，如图3-14所示。

视频号对头像的长宽尺寸并没有要求，因为在上传图片时，系统会对图片进行压缩，并以圆形框进行展示。但在选取头像时要注意满足以下两个要求。

图3-13　　　　　　　　　　　图3-14

1. 清晰自然，辨识度高

视频号运营者应该选择具备一定美观度的头像，不能使用随意截出、过于模糊或色情的图片作为头像。其次，头像的背景要干净整洁，不宜过于杂乱，头像的主体和背景比例要协调；可以适当裁剪，但是不要变形。

2. 贴近账号，风格统一

设置头像时尽量不要选择与名字和账号定位相违背的图片，比如，一个旅游领域的账号却用了美妆类的图片作为头像。

对于企业账号来说，头像选择公司Logo或能体现企业特色的图片即可，如图3-15所示。对于个人账号而言，可以使用自己的形象照、艺术写真等照片作为头像，这样会显得更加真实、有辨识度。真实的头像加上真实的创作内容，才能吸引真实的关注者。

图3-15

3.2.3　简介：一句话体现特点

视频号的简介在400个字符，即200个汉字以内，并且可以进行修改，如图3-16所示。简介是视频号运营者展现自己的通道，也是陌生人了解你的视频号信息的渠道。在众多短视频平台上有无数的自媒体人，运营者要想获得关注和流量，可以在简介上下功夫。

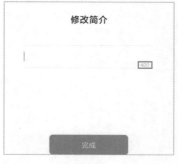

图3-16

视频号的名字不能乱改，头像也不宜胡乱设置，但是简介一定要灵活多变。简介的设置首先要遵循以下两个原则。

1. 简单易懂、高度概括

简单易懂的简介能让用户快速了解这个视频号。最重要的信息要靠前写，且不宜超过100个字符，篇幅过大、过于凌乱的简介会让人抓不住重点。正确的写法是先自我介绍，然后用精练的语言介绍视频号的基础信息。

2. 体现优势、陈述利益

体现优势是指展示自己在本专业领域的权威性，或者某方面的过人之处，可以是荣誉奖项、证书等。陈述利益则指陈述视频号输出的内容能给用户带来什么样的价值，用户关注你的视频号可以得到什么样的好处。图3-17所示为某视频号的简介，通过这个简介，用户就知道关注该视频号后能够获取实用的教学知识。

图3-17

视频号运营者可以用以上两个原则对自己的简介进行审视，如果觉得不合适进行修改即可。接下来介绍4种简介的类型，并结合相关示例帮助理解。

1. 自我介绍型

写自我介绍型简介时要把最有亮点的地方写出来。图3-18所示为某教育视频号的简介，该视频号运营者在简介中重点介绍了自己的学历及经历，也就是前文所说的"亮点"，从而吸引用户关注。

图3-18

2. 提炼内容型

提炼内容指的是提炼视频号的主要内容，重点在于介绍视频号独特的功能和服务，即用一句非常通俗简单的话概括视频号的精华。图3-19所示为某母婴育儿博主的视频号简介。该视频号运营者用"原创视频，每天都更新一家的搞笑视频，记录美好的瞬间"表现出了该视频号的特色。

图3-19

3. 强调用户群型

强调用户群指的是强调视频号的目标用户，从而形成一种社区感。图3-20所示为强调用户群型的视频号简介。该简介用"你的治愈系情感栖息地"来营造该视频号的社区感，能够有效地吸引喜欢此类风格和内容的用户关注。

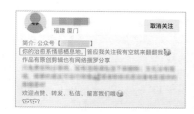

图3-20

4. 情感共鸣型

情感共鸣型指的就是在简介中写上能让人产生情感共鸣的文字，将人的情感中柔软、美好的部分写进简介中。图3-21所示为某旅游视频号的简介，其以"我相信有趣之人终将相遇""这个世界一定比你想象的更美"这样简单的文字作为简介，在体现自身内容风格的同时，让用户产生情感共鸣。

图3-21

以上4种简介类型，视频号运营者可以根据自身情况灵活运用。如果还是觉得简介难写，建议多参考其他视频号运营者是如何写简介的，根据他人的优秀简介模板结合自己的实际情况进行改写。除此之外，简介中可以留下个人微信号或者公众号，方便用户联系。在简介中写自我介绍时也可以进行适度美化，符合大致实际情况即可。这与找工作制作简历是同样的道理，适度的美化能够更加迅速地吸引用户的注意力。

图 3-22

3.2.4 背景图：合理设置赚关注

除了名字、头像和简介这3个需要进行"精装修"的部分之外，还有一个最容易被忽略但可以好好利用的地方，即视频号个人主页的背景图。

打开视频号个人主页时，最上方就是背景图，视频号运营者可以把它当成一个以图片的形式展示自己的"广告位"，在这里既可以展示自己的专业优势，也可以引导用户关注。

背景图是为定位服务的，此处的定位指的是账号定位和人设定位。合理地设置背景图有利于用户快速了解账号和账号运营者，因此在背景图中可以设置体现账号定位和人设定位的内容。图3-22和图3-23所示为视频号背景图参考案例。

图 3-23

在图3-22中，该视频号运营者在背景图中展现了个人形象，还添加了一句话"关注我，与你分享短视频运营经验"，在引导用户关注的同时还提炼了视频号的内容。

3.3 编辑待发作品，让用户看完视频

对于视频号而言，其运营主体还是内容，即打造差异化和吸引人的内容，进而赢得用户关注。本节将从封面、标题和开头等方面进行讲解，希望能帮助读者制作出引人注目的视频内容。

3.3.1 封面：美观的封面更抓眼球

纵观点赞数多的优质视频，它们的封面都有几个共同的特点：充分体现了交互性，突出了文字内容；把握好了尺寸和比例，图片不违规；风格统一，彰显形象等。一个好的封面能让用户在快速的浏览中停下来观看视频。

设计封面时设置一个怎样的画面，如何用封面为视频增添色彩是一个合格的运营者应该掌握的技巧。接下来介绍视频封面该如何设置。

1. 整齐统一

视频号虽然可以截取视频中的任意画面作为封面，但由于每次发的视频可能主题不同，使用任意截取的画面作为封面可能会导致各个视频的风格不同，所以建议制作整齐统一的封面图，并在视频开头展示0.5秒，这样既不影响观看视频，又可以保持风格的统一。图3-24所示为两个视频号的封面，图中

的两个视频号都设置了整齐统一的封面图。

2. 没有水印

视频号封面最好不要使用有水印的图片。如果使用了带有水印的封面图，无疑是侵害了他人的版权，这在视频号中属于一种违规操作。因此，我们在制作视频号封面时要谨慎选用图片，注重原创性和真实性，不侵犯他人版权。

对于想要打造个人 IP 的创作者来说，使用自己的形象图片作为封面是最好不过的，既保证了原创性又保证了真实性，还有利于用户熟悉你。

3. 清晰度高

清晰度不够高的封面会让用户在观看视频时感觉不舒适，降低用户对视频的期待程度。

4. 简单明了

封面上元素的多少能够衡量封面的好坏。元素过多会影响封面的整体表达，在视觉上也会显得杂乱、没有重点。对于视频号运营者来说，应该尽量使用元素数量适中、简单明了的封面。这样的封面可以提升内容的质感，衬托视频整体的品位。图 3-25 所示的封面较为简洁，能高度展现视频可以呈现的内容。

图 3-24

图 3-25

3.3.2 标题：精彩的标题更具吸引力

除了封面之外，标题也是影响用户停下来观看视频的关键因素。无论视频的主题是什么，最终目的都是吸引用户观看、评论、点赞和关注，而标题往往能够决定视频的打开率，所以打造一个有吸引力的标题是很有必要的。

视频号的标题一般会位于视频封面中，它的价值在于让用户仅通过简短的文字，就能对视频内容产生观看兴趣。视频号运营者在创作一个有价值的标题之前，首先需要充分了解视频号的标题需遵循的基本原则。

1. 简洁明了

视频号的标题应当尽量简洁，不要太长。视频号的观看场景是手机端，大多为竖屏观看，高度大于宽度，所以不能用宽屏的思维去设计标题。在设计标题时，最好不要把过长的文字放在同一行中，不但不利于阅读，画面还不饱满。最好的方法是将一行长标题设计成两行，用简洁明了的形式体现内容。

标题想要直观传达信息，内容就必须通俗简洁，过多的文字会引起用户感官上的不适，有时候简短的标题更能显示出创作者高超的文字概况能力。

2. 体现价值

标题需要依靠简短的文字传达给用户视频相关的信息，这才是标题的真正价值。在碎片化阅读成为大多数人的阅读习惯的前提下，标题更是成了用户筛选视频的依据，更多用户在阅读标题时会带有功利性。

简单来说，用户通过标题就能够了解这个视频是什么样的内容，能获取什么样的信息，满足什么样的诉求，标题要将这些内容直观地反映给每个用户。图3-26所示的标题简洁明了，用户一眼便能明白视频要讲的内容。

3. 贴合事实

新媒体行业发展的过程催生出了一类特别的文案，它们被称作"标题党"，其特点在于内容通常与标题完全无关或联系不大，完全靠过分夸张的标题去博人眼球。"标题党"会使读者因为受过欺骗，而错过真正有价值的信息，还会存在一些违规字眼，污染行业生态。视频号强调真实，标题也需要贴合事实，杜绝"标题党"。

了解了制作视频号标题的基本原则，下面详细介绍5种打造吸睛标题的方法。

1. 痛点疑问法

痛点疑问法指的是在撰写标题时采用询问某一问题的形式，以有效提高用户的点击率。撰写标题时，使用痛点疑问法能起到意想不到的效果，只要满足以下两个要求。

（1）提问所涉及的话题与用户有紧密的联系，能够解决用户的痛点，拉近标题和用户之间的距离。大多数用户是比较愿意观看这类标题的视频的。

（2）问题本身就能引起用户的注意力和好奇心，从而引导用户观看视频。

从用户的心理层面来看，用户看到提问型标题，大多会抱着学习或新奇的心态观看视频。图3-27所示为使用痛点疑问法撰写的标题。

此外，很多用户在搜索信息时，会通过在搜索引擎中输入"如何""怎么样"等疑问词来进行搜索，因此提问型标题深入人心。

2. 数字突出法

在撰写标题时，合理利用醒目的数字突出标题内容，能够有效地吸引用户和冲击用户的视觉。具体来说，标题中可以使用数字的场景有很多，比如表示人、金钱、食物的多少，再如表示时间，以及利用数字表示程度等。

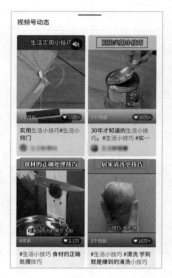

图 3-26

图 3-27

不管是哪种使用场景，数字都可以传达真实并且准确的信息。在标题中加入数字，能够使视频和视频创作者更有说服力，而且数字能够更加直观地表达视频的中心内容。

在标题中加入数字的方法也很简单，这类标题属于概括性标题，创作者可以利用以下 3 个方法进行制作。

（1）从视频内容中提炼数字作为标题。

（2）通过数字对比，设置冲突或悬念。

（3）按照视频的逻辑结构撰写数字标题。

图 3-28 所示为标题中加入数字的案例。

3．热点话题法

撰写标题时适当借用热点、名人、流行趋势等可以加快视频的传播速度。所以，我们在制作标题时一定要学会"借势"，而借势也有很多种"借"法，可以借势热点、借势流行趋势、借势名人、借势"大咖"、整合热点的相关资料等。图 3-29 所示为借势名人张小龙的标题。

4．引发好奇法

好奇是人的天性，好奇类的标题就是要借用户的好奇心理将用户牢牢吸引住，让用户在寻求答案的过程中产生无尽的兴趣。在视频号中使用悬念类的标题往往能引发用户思考，让用户带着疑问观看视频，然后再引导用户走向问题的最终答案。这样一来，用户更容易对视频中的观点和论据产生认同，还能引起用户之间对于相关话题的讨论，那么这个视频的热度也就会随之上升。图 3-30 所示为使用好奇类的标题的案例。

图 3-28

图 3-29

图 3-30

5．寓意法

寓意法主要是指利用比喻、拟人、对偶、谐音、引用典故等手法，为标题增添寓意，加深用户对标题的印象。寓意类标题通过借助具体鲜明的形象将视频内容传达给用户，丰富了标题的趣味性、可读性和内涵。但值得注意的是，这种标题并非随意设置，而需要注意使用一定的方法。比如，引用典故时，需要选择与视频内容相匹配、有关联的典故，不能生搬硬套。

3.3.3 开头：前3秒影响完播率

利用封面和标题吸引一部分用户打开视频后，还有很重要的一项内容会决定视频的完播率，即视频的开头。很多新手在拍摄视频时，都习惯在开头做自我介绍，和用户打招呼，这样看起来很有礼貌，实际上会消耗用户的耐心，影响视频的完播率。在如今这个用户碎片化阅读的时代，如果视频的前3秒不能吸引用户的注意力，用户就会"滑走"。

为了提高视频的完播率，接下来介绍3个技巧。

1. 精彩内容放开头

开头不要拖泥带水，把整个视频最精彩的内容放在开头，让用户有继续往下看的兴趣。

2. 制造槽点

提高完播率的关键还是在于视频本身，内容结构要有起承转合，视频内容要有槽点、有悬念、有否定、有质疑、有期待，这样才会吸引观众打开评论区留言，视频也就在不知不觉中完成了一轮播放。这样评论数增加了，完播率也提高了。

3. 把握时长

完播率，顾名思义就是指播放过视频的用户里，多少人看完了视频。所以时长越短完播率也很可能越高。建议将视频时长控制在10~25秒，这样视频的完播率比较高。

3.4 认证账号身份，获得更多支持

视频号开通完毕后可以进行身份认证，认证后视频号运营者可以设置管理员。这可以使平台和用户对视频号更加信赖，账号更加安全。在内容审核和推荐上，经过认证的视频号也会比没有经过认证的视频号更具优势。

3.4.1 做好身份认证，少走运营弯路

认证后的账号与未进行认证的账号相比，有许多优势，比如认证账号有特有标识；搜索结果排序靠前；发布的内容可获得优先推荐的机会；直播自由度更大，官方信任度更高；更多功能支持，如推流直播，以及支持多个管理员；就账号问题向官方申诉也更快一些。

由此可见，账号认证后能使视频号运营者运营账号更加轻松，也更容易获得系统的推荐。

3.4.2 选定认证类型，顺利通过审核

一个视频号一年可以认证两次，每年1月1日恢复可用次数。视频号运营者进入视频号界面，点击界面右上角的个人按钮，然后点击"创作者中心"，选择"认证"按钮，即可进入认证流程，如图3-31所示。

在这个过程中，视频号运营者可选择的认证类型有兴趣认证、职业认证、企业和机构认证3种，如图3-32所示。

1. 兴趣认证

要进行兴趣认证，首先要满足 3 个硬性条件，即"近 30 天发表 1 个内容""有效关注数 1000 人以上""已填写简介"，如图 3-33 所示。

其中，有效关注数是指关注本视频号的正常用户数（不包括可疑非正常使用用户，如使用外挂、参与刷量的用户），当前有效关注数不包括当天新增关注数。受到视频号"原创计划"邀请的账号，进行兴趣认证时的有效人数只需达到 500。

进行不同类型的兴趣认证需要提交的认证资料不同。兴趣认证类型包括"自媒体""博主""主播"三大类型，各大类型下细分了众多小类型，视频号运营者可根据自身情况选择。图 3-34 为申请"职场博主"认证时需要提交的证明资料。

图 3-31

图 3-32

图 3-33

图 3-34

2. 职业认证

要进行职业认证，视频号运营者需要满足"近 30 天发表 1 个内容"和"已填写简介"两个条件，然后提交认证所需证明资料，才能开始申请，如图 3-35 所示。

视频号运营者点击认证界面底端的"查看认证需要提交的资料",选择自身所处的行业类型和具体职业,便可查看进行职业认证需要提交的资料,将这些资料准备齐全后按照提示提交,即可进行职业认证。图3-36为认证职业"金融分析师"时需要提交的证明资料。

图 3-35

图 3-36

3. 企业和机构认证

企业和机构认证适合非个人主体(如企业、品牌机构、媒体、社会团体等)申请。企业和机构认证需要使用已认证的同名公众号为视频号认证,并且需要在电脑端填写资料,如图3-37和图3-38所示。

视频号通过企业和机构认证后,后台会生成一个"认证详情"界面,该界面中包含"企业全称""认证时间""工商执照注册号/统一社会信用代码"等信息。

个人认证与企业和机构认证最大的不同是,认证后显示在视频号名字右下方的标识的颜色不同。个人认证的标识是黄色的,企业和机构认证的标识是蓝色的。

图 3-37

图 3-38

通常情况下,视频号运营者进行视频号认证后,提交审核的时间为1~3个工作日,如果长时间未被审核,可在腾讯客服小程序上反映相关问题,提醒官方工作人员尽快审核。

3.4.3 视频号身份认证的常见问题

在认证界面下方可以点击查看身份认证的常见问题,如图3-39所示。下面解答4个认证流程以外的常见问题。

认证常见问题

图 3-39

1. 个人认证与企业和机构认证的区别

个人认证适合个人申请，如运动员、美食博主。企业和机构认证适合非个人主体申请，如政府、事业单位、企业等。

2. 不同图标之间的含义

✦ 代表账号为已认证的企业或机构账号

✓ 代表账号为已完成认证的个人账号，且有效粉丝数超过1000。

✦ 代表账号为已完成认证的个人账号，且有效粉丝数超过5000。

✦ 代表账号为已完成认证的个人账号，且有效粉丝数超过10000。

3. 博主与自媒体的区别

博主与自媒体属于同一分级，认证流程与所需的证明资料相同。如果要打造个人品牌，就选博主；如果要做账号、全网多平台一起发力，就选自媒体。除了自媒体的定位更垂直外，两者并无本质区别，官方对二者也没有区别对待。

4. 认证后的修改问题

修改认证意味着账号类型、定位、受众都可能发生变化。从认证流程来说，修改认证需要先取消原有的认证，再提交新的认证类型所需的资料。除此以外，近一个月发布的视频内容要跟新的认证类型相符，如有不符的，需加以隐藏，这样才能提高认证通过率。

第4章

拍摄制作，
洞悉拍摄大片的秘密

　　完成视频号的账号命名、头像选择、帐号定位等准备工作以后，就要开始重头戏——拍摄视频了。看视频不如玩视频，想要真正运营好视频号，一定要参与制作短视频。本章将详细介绍从拍摄前到拍摄中的各种技巧，使视频拍摄实操变得容易。

4.1 做好拍摄准备，确保拍摄顺利进行

在正式开启拍摄之前，视频号运营者需要在以下3个方面做好充足的拍摄准备。

4.1.1 硬件设备不能少

"磨刀不误砍柴工"，拍摄设备就是视频号运营者手中的"砍柴刀"，是使视频号运营者拍摄起来事半功倍、效率倍增的利器。但这并不意味着所有视频号运营者都应该花费大量资金购买全部拍摄设备。对于视频号运营新手而言，通常只需备齐最基础的四大设备，如图4-1所示。

图4-1

1. 拍摄设备

拍摄设备主要包括智能手机、摄像机、单反相机和航拍无人机等，每种设备的拍摄效果不同，优缺点也十分明显，如表4-1所示。在实际拍摄中，视频号运营者可根据自身需求，选择合适的拍摄设备。

表4-1

拍摄设备	优点	缺点	适用范围
智能手机	机身轻便、操作简单、可随时进行视频剪辑与分享	拍摄精度不够、内存有限	拍摄非高画质视频
摄像机	拍摄画质非常优秀	体积太大、不易携带	相对固定、专业要求较高的场景
单反相机	拍摄画质优秀、可根据需求替换镜头、镜头库十分丰富	携带不方便	专业要求较高的场景
航拍无人机	小巧轻便、视角更广、画面丰富	续航能力较差、受天气影响较大	全景俯拍、大范围取景

2. 稳定设备

当视频号运营者选择手机作为拍摄设备的时候，由于手持手机拍摄稳定性较差，容易造成画面抖动，就需要稳定设备来辅助拍摄。拍摄固定镜头时常用的稳定设备是三脚架，如图4-2所示；拍摄运动镜头时则可以使用手持稳定器等，如图4-3所示。使用摄像机拍摄时，为了画面更稳定，也需要稳定器的辅助。

3. 收音设备

非专业的摄影场景中难免会存在一些嘈杂的声音，为了降低这些声音对视频音质的影响，视频号运营者拍摄时可以选择使用收音设备，例如麦克风等，放大需要的声音，降低环境音。麦克风大致可分为3种：领夹式麦克风、外接麦克风和无线麦克风。

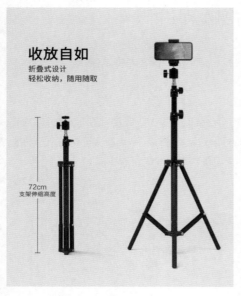

图 4-2   图 4-3

  领夹式麦克风有点类似于耳机线，如图 4-4 所示。它配有一个小夹子，可以夹在衣领上方便收音，使用起来也很方便，将连接线插入手机就可以了。领夹式麦克风适用于舞台演出、人物对话等场合，因为体积小，轻易就能够隐藏起来。这种麦克风也是现在使用得比较多的麦克风，它不像传统的话筒那么笨重，便于携带，出门录视频非常方便，价格也较低，比较划算。

  外接麦克风在直播间或街头采访中经常可以看见，如图 4-5 所示。它的特点是体积小、易携带，连接手机的耳机孔就可以直接使用。

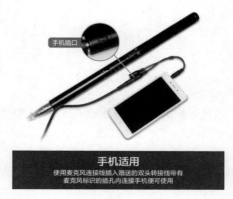

图 4-4   图 4-5

  无线麦克风的工作原理是通过接收器与发射器传输声音信号，做到远距离传输，而且自身配置电池，能够长时间工作，如图 4-6 所示。无线麦克风可以直接手持使用，也可以连接领夹式麦克风一起使用。

不同价位的麦克风的收音效果会有很大的差别，好的麦克风对环境噪声有降噪效果，得到的人声清晰度比较高。大家在挑选购买时一定要多比较，根据自己的拍摄情况选择性价比最高的麦克风。

4. 灯光设备

灯光在拍摄中具有非常重要的作用。当拍摄环境光线不足，或想营造特殊氛围时，使用补光灯是个不错的选择。好的打光能重塑人物的面部结构，刻画拍摄的画面内容，并将人物与背景更好地区分开来，呈现更好的拍摄效果。补光灯大致可以分为两种，一种是夹在手机上的，非常小巧便携，价格也很低，如图4-7所示。

还有一种是带有支架的补光灯，如图4-8所示。它可以把灯头固定在支架上，并任意调节角度。这种补光灯的价格相对较高。

图 4-6

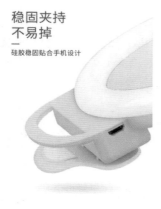

图 4-7

图 4-8

4.1.2 准备脚本与计划

脚本是整个视频的核心。一个完整的脚本包括开端、发展、高潮和结尾4个部分。一个高质量的脚本能在很大程度上引发用户的共鸣，吸引用户的关注。因此，在撰写脚本前，需要确定整体的拍摄思路和拍摄流程，并从以下几个方面进行准备。

1. 选题类型

选题类型就是要拍什么样的短视频，这是需要在拍摄之前想好的。不同的选题类型，脚本之间的差别会很大。

2. 主题思想

主题思想是视频创作者向用户传达的价值观，就像文章的中心思想一样。好的主题能够直击用户的内心，引发用户的广泛讨论，让用户产生共鸣。

3. 角色设定

视频创作者在准备脚本时，需要对视频中出现的人物进行角色设定，即设定人物的生活背景、性格以及台词，通过刻画人物性格，来为人物打标签。例如，图4-9所示视频中人物的"战术内八""劳力士"等标签给观众留下了深刻的印象。

4. 故事线索

故事线索贯穿视频的整个过程，用于引出故事情节或者人物，有推进故事情节发展的作用。

5. 环境要素

环境要素就是拍摄视频时，环境、节奏、氛围、配乐等一系列要素的统称，视频创作者在准备脚本时要把这些因素都考虑进去。

图 4-9

脚本创作好后，视频创作者需要按照脚本准备演员、服装、化妆用品、道具、拍摄场地以及拍摄设备，在拍摄前制订好详细的计划，这样才能保证拍摄的正常进行。

4.1.3 培养镜头感

如果视频创作者想要拍摄口播类等需要出镜的视频时，则需要培养镜头感。培养镜头感是拍好视频的重要一步。镜头感简单来说就是，被拍摄人物在镜头前能做到情绪收放自如，不紧张、不做作，放得开，可以快速找到需要在镜头中呈现的状态，知道从哪个角度拍摄自己最好看，做出什么样的表情最自然等。

镜头感并不是与生俱来的，它完全可以后天培养。接下来介绍培养镜头感的方法。

首先，需要给自己建立自信。每天多照镜子，练习做表情，比如如何自然地笑、放空等。在镜子中找到自己的最佳状态以后，还可以练习用手机自拍。照镜子和自拍是培养镜头感的重要途径，只要每天多加练习，就能找到最适合自己的拍摄角度和最自然的表情、动作，重点在于要多加尝试。

其次，当建立起自信并逐渐适应镜头以后，一定要着手拍摄，只有在反复实践练习中才能慢慢发现自己的不足，从而进行调整，达到最好的状态。

最后，在习惯镜头之后，还需要培养自己成为一个"厚脸皮"的人。很多人在拍视频前会担心自己经验不足、没有才华，这种想法是不对的。每个人都有自己擅长的方向，只要愿意分享，总有一群用户会被你吸引。

4.2 使用运动镜头，丰富镜头语言

镜头语言就是用镜头像说话一样去表达，通过摄影机所拍摄出来的画面来表达拍摄者的意图。在制作视频时，如果想要把视频制作得更加精美、更抢眼一些，掌握运动镜头常用的技巧和准则是基本要求。运动镜头的类型包括摇镜头、跟镜头、推拉镜头、横移镜头、升/降镜头、旋转镜头等。下面将详细介绍使用运动镜头进行拍摄的相关技巧，为之后制作视频奠定良好的基础。

4.2.1　摇镜头：拍摄整体全貌

摇镜头就是摄像机的位置保持不变，只靠镜头方向的变动来调整拍摄的方向，类似于人站着不动，靠转动头部来观察周围的事物。图 4-10 所示为使用摇镜头拍摄的效果，通过镜头的左右摇动来展现拍摄场景的全貌。

图 4-10

摇镜头分为多种，可以左右摇，可以上下摇，还可以斜摇，或者与移镜头结合使用。在拍摄过程中，缓慢地摇镜头，对所要呈现给观众的场景进行逐一展示，可以有效地拉长时间和空间效果，从而给观众留下深刻的印象。

使用摇镜头，可以将拍摄内容表现得有头有尾、一气呵成，因而要求开头和结尾的镜头画面目的明确。从一个被拍摄的目标摇起，至最后一个拍摄目标结束，两个目标之间的一系列过程就是要表现的内容。

此外，在拍摄过程中镜头一定要匀速运动，起幅先停滞片刻，然后逐渐加速，匀速，减速，再停滞，最后落幅要缓慢，使观众能适应镜头的摇晃。

4.2.2　跟镜头：突出运动主体

跟镜头是指摄像机跟随运动状态下的拍摄对象进行拍摄，有推、拉、摇、移等形式。跟镜头使动态的拍摄对象（主体）在画面中的位置保持不变，而前后景不断变化。例如在图4-11中，少女始终保持在画面中心的位置，身边的风景随着少女向前奔跑而不断变化。这种拍摄技巧既可以突出运动中的拍摄对象，又可以交代拍摄对象的运动方向、速度、体态，以及其与环境的关系，同时使拍摄对象的运动保持连贯性。

图 4-11

4.2.3　推拉镜头：实现画面转场

推镜头是将摄像机推向拍摄对象，向拍摄对象不断靠近，或者变动镜头焦距使画面由远而近的拍摄手法。推镜头可以形成视觉前移效果，会使拍摄对象由小到大变化。推镜头在拍摄中起到的作用是突出拍摄对象，将观众的注意力从整体引导至局部。在拍摄推镜头的过程中，画面所包含的内容逐渐减少，从而突出重点。推镜头的速度会影响画面的节奏，拍摄过程中可以利用这一点来控制节奏。同时，使用推镜头不断放大拍摄对象，直到画面模糊不清甚至至黑屏，这时再衔接其他镜头就能实现自然流畅的转场；或者为需要衔接的镜头设置渐显和不断放大的特效，这时再利用推镜头也能实现转场，如图4-12所示。

图 4-12

拉镜头与推镜头相反，是镜头不断远离拍摄对象，如图4-13所示。拉镜头的作用可以分为两个方面：一是表现主体在环境中的位置，即通过将镜头向后移动逐渐扩大视野，从而在一个镜头中反映局部与整体的关系；二是满足镜头之间的衔接需要，如前一个镜头是一个场景中的特写，而后面的镜头是另一个场景，两个镜头通过拉镜头的方式衔接起来，会显得比较自然。

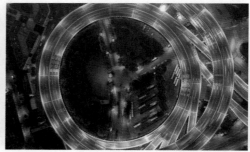

图 4-13

4.2.4　横移镜头：摄入周边环境

横移镜头是将摄像机放在移动的车中，从轨道一侧移向轨道另一侧进行拍摄的镜头，如图 4-14所示，这样拍出来的画面较为稳定，在电影行业中应用颇多。

使用手机或者相机拍摄短视频时同样可以使用横移镜头。如果没有滑轨等设备，则可以双手持机，然后保持拍摄方向不变，通过双臂缓慢平移手机或相机。

图 4-14

横移镜头的主要作用是表现场景中的人与物、人与人、物与物之间的空间关系，或者把一些事物连贯起来表现。横移镜头与摇镜头的相似之处在于，它们都是为了表现场景中的主体与陪体之间的关系，但是二者在画面上给人的视觉效果是完全不同的。横移镜头可以创造特定的情绪和氛围，更好地表现拍摄对象所处的环境。

4.2.5 升/降镜头：多视角表现场景

升/降镜头是指摄像机上下运动拍摄画面，是一种从多视角表现场景的方法，其变化包括垂直升/降、斜向升/降和不规则升/降。在拍摄的过程中，不断改变摄像机的高度和俯仰角度，会给观众带来丰富的视觉感受。升/降镜头如果在速度和节奏方面设置适当，则可以创造性地表达一个情节，常常用来展示事件的发生规律，或拍摄对象的主观情绪。如果能在实际拍摄中将升/降镜头与其他镜头表现技巧结合运用，则能够表现出丰富多变的视觉效果。图4-15所示为垂直升/降镜头示意图。

图 4-15

4.2.6 旋转镜头：烘托画面情绪

旋转镜头是指摄像机旋转着拍摄主体或背景，常用的拍摄手法有以下几种。

（1）沿镜头光轴仰角旋转拍摄。

（2）摄像机360°快速环摇拍摄。

（3）拍摄对象与摄像机几乎处在同一轴盘上做360°旋转拍摄。

（4）运用旋转的运载工具进行拍摄。

旋转镜头往往用来表现人物在旋转过程中的主观视线或眩晕感，或者以此来烘托画面情绪、渲染气氛。这种镜头在实际拍摄中用得不是很多，但在合适的情况下使用，往往能产生强烈的震撼和主观情绪。图4-16所示为摄像机围绕拍摄对象进行旋转拍摄。在拍摄过程中，要根据实际需求来决定旋转镜头的拍摄手法，拍摄的时候镜头运动要平稳、匀速。切忌无目的地滥用旋转镜头，无故停顿或者上下左右晃动，这样不但影响内容的表达，还会使观众一头雾水。

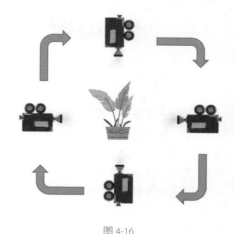

图 4-16

4.3 拍摄特定镜头，叙事抒情都重要

在拍摄视频时，不能将内容全用于叙事，需要留一定的时间给观众来理解视频内容。此时不妨拍摄特定镜头，让观众休息的同时，为视频添加一层艺术色彩。下面将介绍3种特定镜头，以帮助视频创作者拍摄视频时能叙事抒情并重。

4.3.1 空镜头：让画面"说话"

空镜头又称"景物镜头"，如图4-17所示。空镜头常用以介绍环境背景、交代时间空间、抒发人物情绪、推进故事情节、表达作者态度，具有说明、暗示、象征、隐喻等功能，在视频中能够产生借物喻情、见景生情、情景交融、渲染意境、烘托气氛、引发联想等艺术效果，同时在时空转换和调节影片节奏方面也有独特作用。空镜头有写景与写物之分，前者通称风景镜头，往往用全景或远景表现；后者又称"细节描写"，一般采用近景或特写。空镜头不只是单纯描写景物，还可以成为视频创作者将抒情手法与叙事手法结合，增强视频艺术表现力的重要手段。

图4-17

4.3.2 主观镜头：身临其境感受

主观镜头是指表示视频中人物观点的镜头，当人物扫视场面，或在场面中走动时，摄影机就等于人物的双眼，显示人物所看到的景象。例如在图4-18中，镜头与人物对视，仿佛在与她对话。

主观镜头把摄影机的镜头当作视频中人物的眼睛，直接"目击"生活中的其他人、事、物。它因代表了视频中的人物对人或物的主观印象而带有明显的主观色彩，可使观众产生身临其境、感同身受的效果，进而使观众和人物进行情绪交流，获得共同的感受。

图4-18

4.3.3 客观镜头：客观展现视频内容

客观镜头，又称中立镜头，是电视节目中最为常见的一种拍摄角度。它不是以剧中人的眼光来表现景物，而是直接模拟摄影师或观众的眼睛，从旁观者的角度纯粹客观地描述人物活动和情节发展。采用客观镜头时，要保证不让被拍摄者直视摄像机，否则很容易破坏观众在观看时那种"局外旁观者"的感觉。例如在图4-19中，被拍摄者不与摄像机产生视线接触，采取第三方视角进行拍摄。

图4-19

一般这种镜头不带有明显的主观色彩，也不采用视频中角色的视点，而是采用普通人观看事物的视点，所以才被称为"客观镜头"，它尽量客观地将事物展现给观众，更类似于一种平行角度，其语言功能在于交代、陈述和客观记叙。

4.4 把握镜头节奏，引导观众产生共鸣

视频节奏往往影响着观众的情绪，快节奏能让观众热血沸腾，慢节奏则能让观众放松心神。下面介绍把握镜头节奏的方法，使视频更能引导观众产生共鸣。

4.4.1 镜头长度：长短快慢有变化

镜头的长度决定了作品的剪辑率，剪辑率即单位时间内的镜头个数。剪辑率和节奏的关系为，一般情况下，剪辑率越高，镜头越短，节奏越快。但快节奏不是一味缩短镜头长度就能实现的。同样的剪辑率，当一组镜头序列中的镜头长度相同时，即使都是短镜头，在观看过程中观众的心理上会觉得节奏开始变慢；另一组镜头序列的镜头长度不断缩短，在观看过程中观众则会感到节奏越来越快，加快视频节奏有利于制造冲突，营造紧张刺激的氛围或是将故事推向高潮。

同样，剪辑率越低，镜头越长，节奏越慢。慢节奏有利于叙事抒情，交代故事情节。

熟练控制视频的节奏变化，对于拍摄视频有很大的帮助，也能更轻易地调动观众的情绪。

4.4.2 景别变化：变化幅度有影响

景别通常是指在焦距一定时，摄影机与拍摄对象的距离不同，进而造成拍摄对象在镜头中所呈现出的范围大小的区别。在电影中，导演和摄影师利用复杂多变的场面调度和镜头调度，交替使用各种不同

的景别，这样可以使影片的剧情叙述、人物思想感情表达、人物关系处理更具有表现力，从而增强影片的艺术感染力。

根据镜头与拍摄主体的距离，景别大致可分为以下几种。

1. 极远景

在极远景的画面中，人物小如蚂蚁，此景别在航拍中比较常见。极远景一般是空镜头，通常用于视频开篇，主要是为了强调大环境及范围，如图4-20所示。

图 4-20

2. 远景

远景一般用来展现远离镜头的环境全貌，展示人物及其周围广阔的空间环境，例如自然景色和活动的大场面。远景相当于人眼从较远处观看主体景物或人物，视野宽广，能包容广大的空间，人物在画面中所占的比例较小，背景占主导地位，画面给人以整体感，细部却不甚清晰，如图4-21所示。

图 4-21

3. 全景

全景多用来表现场景的全貌与人物的全身动作，其涵盖范围较大，人物的体形、衣着打扮、身份等都能交代得比较清楚，环境、道具清晰明了。在电视剧、电视专题片、电视新闻中，全景不可缺少，大多数节目的开头、结尾部分都会用到全景或远景。全景比远景更能全面阐释人物与环境之间的密切关系，可以通过特定环境来表现特定人物，被广泛应用于各类影视作品中。相比于远景，全景更能展示出人物的行为动作和表情相貌，也可以从某种程度上展现人物的内心活动。

全景中包含整个人物形貌，其既不像远景那样由于细节过小而不能很好地进行展示，又不会像中近景那样无法表现人物全身的形态动作，如图4-22所示。全景在叙事、抒情和阐述人物与环境的关系等方面，具有独特的作用。

图 4-22

4. 中景

取景框的底边在人物膝盖附近或展示场景局部的画面被称为中景，俗称"七分像"，这是拍摄表演场面时常用的景别。和全景相比，中景包含的景物的范围较小，环境处于次要地位，重点在于表现人物的上身动作。中景为叙事性景别，因此在影视作品中所占的比重较大。

拍摄中景时应注意避免直线条式的死板构图，同时要讲究拍摄角度、演员调度、姿势等，避免构图单一。在拍摄人物时，要注意掌握分寸，不要固定在人物膝盖处，可根据内容及拍摄场景灵活调整。

中景是叙事性极强的一种景别，在包含对话、动作和情绪交流的场景中，中景可以有效地表现人物之间、人物与周围环境之间的关系，如图 4-23 所示。中景的特点决定了它可以更好地表现人物的身份、动作及动作的目的。

图 4-23

当拍摄的人物数量较多时，中景还可以清晰地表现人物之间的关系。

5. 近景

近景通常是指拍摄人物胸部以上或景物某一局部的画面，如图 4-24 所示。近景着重表现人物的面部表情，传达人物的内心世界，是刻画人物性格最有力的景别之一。电视节目中，节目主持人与观众进行交流时也多使用近景拍摄。近景适应了电视屏幕小的特点，在电视摄像中用得较多，因此有人说电视摄像是近景和特写的艺术。由近景产生的接近感，往往给观众留下较为深刻的印象。

图 4-24

因为近景的视觉范围较小，观察距离相对更近，人物和景物的尺寸足够大，细节比较清晰，所以非常有利于表现人物的面部或者其他部位的表情神态，以及细微动作和景物的局部状态，这些是大景别画面所不具备的功能。

6. 特写

拍摄特写时，镜头会与拍摄对象距离很近，通常以人体肩部以上为取景范围，旨在突出强调人体的某个局部，或相应的物件细节、景物细节等，如图 4-25 所示。

特写多用于提示信息、营造悬念，能细微地表现人物的面部表情，刻画人物，表现复杂的人物关系，能形成生活中不常见的特殊的视觉感受。特写主要用来描绘人物的内心活动，画面中背景处于次要地位，甚至会消失。特写中，演员通过面部表情将内心活动传达给观众，人物或其他对象均能给观众留下强烈的印象。

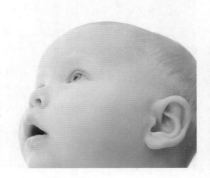

图 4-25

而在故事片、电视剧中，道具的特写往往蕴含着重要的戏剧作用。

因为特写的视角最小，视距最近，画面细节最突出，所以其能够最好地表现对象的线条、质感、色彩等特征。特写会把物体的局部放大，并且在画面中呈现出单一的物体形态，所以会使观众不得不把视线集中，近距离仔细观察并接受对象所传达的信息。特写有利于表现景物细节，也更易于被观众接受和重视。

7. 大特写

大特写又称"细部特写"，用于突出面部的局部，或身体、物体的某一细节，如人物的眉毛、眼睛等。如图 4-26 所示。

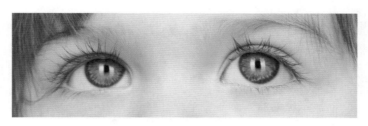

图 4-26

当一个人的头部充满整个画面，这样的景别就被称为特写。如果把摄影机推得更近，让人物的眼睛充满整个画面，这样的景别就称为大特写。大特写的作用和特写是相同的，只不过在艺术效果上更加强烈，这类景别在惊悚片中较为常见。

4.4.3 运镜与特效：改变固定节奏

除了控制镜头长度与拍摄特定景别以外，运镜与特效同样能改变视频的节奏。比如，在剪辑阶段添加动画、特效和数字运动效果，营造视频的节奏感；或者对视频的某一个片段进行加速或减速处理，同样能控制视频节奏，但要注意，视频加速的部分要足够快才能让整个视频自然流畅。

在视频拍摄阶段则可以利用运镜来改变视频的节奏，比如晃动摄影机，晃动的画面会产生紧张与不安感，与静态拍摄的一些较慢的场景相比，这些晃动的画面有助于加快整体节奏；又或者在拍摄推拉镜头时，加快或放缓推拉镜头的速度，同样能起到调整视频节奏的效果。

4.5 保持画面稳定，提升画面效果

不管是观看视频还是照片，人们都更倾向于观看清晰的画面。视频的清晰度很重要，而画面的稳定程度又是决定视频清晰度的关键，所以在拍摄视频时，要尽量拿稳拍摄设备。在拍摄过程中运用一些技巧，能大幅提升视频的清晰度，下面详细介绍保持画面稳定的技巧。

4.5.1 保持正确的拍摄姿势

手持拍摄时运用正确的姿势牢牢固定拍摄设备非常重要，除了保持呼吸平稳以外，还可以靠着墙、栏杆等，让身体保持稳定。

在拍摄时，要避免大步行走，而应使用小碎步移动拍摄，这样可以有效减少画面抖动。此外，应该避免大幅度的手部动作，手肘内部可以紧靠身体以保持稳定。

许多人喜欢单手竖持手机拍摄视频，这样拍摄虽然方便，但是单手握持稳定性欠佳。因此如果要追求画面的稳定性，且在没有辅助工具的情况下，建议双手横持手机进行拍摄，如图 4-27 所示，因为双手横持手机会使手机更加稳定，能有效减少画面的抖动。

图 4-27

4.5.2　借用其他物体做支撑

拍摄过程中，可以借助其他物体来稳定设备。例如，在拍摄静态画面时，如果身边有比较稳定的大型物体，如大树、墙壁、桌子等，可以倚靠它们进行拍摄。

拍摄者可以手持拍摄设备，同时倚靠大树、墙壁等稳定物体，形成一个比较稳定的拍摄姿势，如图 4-28 所示。需要注意的是，这种拍摄方式虽然比较稳定，但是灵活性较差，也很容易发生碰撞，因此建议只在拍摄静态画面的时候使用。

图 4-28

4.5.3　选择稳定的拍摄环境

除了在拍摄手法上下功夫外，选择一个稳定的拍摄环境同样有利于拍出稳定的画面。想要拍出稳定的画面，在拍摄环境的选择上，就要尽量避免坑洼不平、被杂草和乱石覆盖的地面，因为崎岖不平的地面很容易让人踏空或发生磕绊。因此，选择平整、结实的地面可以很好地消除造成画面抖动的外部环境因素，减少拍摄时不必要的镜头晃动，如图 4-29 所示。

图 4-29

4.5.4 选取合适的焦点对焦

如果拍摄者不是刻意追求画面的虚化效果，那么最好在拍摄前关闭自动对焦功能。另外，在拍摄前尽量先找好焦点，避免在拍摄过程中频繁对焦。使用手机拍视频的过程中，重新选择对焦点时会有一个画面由模糊变清晰的缓慢过程，这就破坏了视频的流畅度，而且手指频繁点击屏幕选择对焦点，难免会对拍摄的稳定性造成影响。拍摄者可以长按屏幕锁定焦点，这样就可以避免重新对焦破坏画面的流畅度。

4.6 运用构图技巧，让画面更具美感

拍摄视频与拍摄照片类似，都需要将画面中的主体进行恰当的摆放，使画面看上去更加和谐、舒适，这便是构图。拍摄时，成功的构图能使作品重点突出，有条有理且富有美感，令人赏心悦目。

4.6.1 中心构图：突出拍摄主体

中心构图是一种简单且常见的构图方式，主要是将主体放置在画面的中心，能更好地突出拍摄主体，让观众一眼就看到视频的重点，从而将目光锁定在主体上，了解视频想要传递的信息。利用中心构图法拍摄视频最大的优点在于主体突出、明确，画面容易达到左右平衡的效果，并且构图简练，非常适合用来表现物体的对称性，如图4-30所示。

图 4-30

4.6.2 三分线构图：找到画面平衡

三分线构图是一种经典且简单易学的构图方式，其将画面横向或纵向分为3个相同的部分，然后在拍摄时，将对象或焦点放在三分线的某一个位置上进行构图取景，这样可以让对象更加突出，且画面更具层次感，如图4-31所示。三分线构图一般可以使画面不至于太单调和呆板，还能突出视频的主题，使画面更加紧凑有力。此外，三分线构图能使画面具备平衡感，画面的左右或上下会更加协调。

图 4-31

4.6.3 前景构图：拍出画面层次

前景构图是利用拍摄主体与镜头之间的景物进行构图的一种拍摄方式，即拍摄时，镜头前面有一定的事物，可以是拍摄主体，也可以是背景。

以前景构图方式拍摄视频可以增加画面的层次感，在使视频画面更丰富的同时，又能很好地展示拍摄主体。前景构图分为两种情况：一种是将拍摄主体作为前景进行拍摄，如图4-32所示，此时，背景做虚化处理；另一种是在拍摄主体与镜头之间加一个环境元素，例如图4-33，将树枝作为前景，让观众在视觉上有一种由内向外的感觉，同时有一种身临其境的感觉。

图 4-32

图 4-33

4.6.4 边框构图：特定角度有奇效

边框构图是指取景时，有意寻找一些边框元素，如窗户、门框、树枝、山洞等，在选择好边框元素后，调整拍摄角度和拍摄距离，将主体景物安排在边框内进行拍摄，如图4-34所示。需要注意的是，拍摄时有些边框元素是真实存在的，如常见的窗户、门框等，而有些边框元素本身不是边框，如图4-35所示，在拍摄一些自然风光时倾斜的树枝也可以当作边框。

图 4-34

图 4-35

4.6.5　光线构图：运用光影艺术

　　在视频拍摄中所用到的光线有很多，如顺光、侧光、逆光、顶光是4类常见的光线。光线不仅能呈现拍摄主体，还可以使视频画面呈现出不一样的光影艺术效果，如图4-36至图4-38所示。

图 4-36

图 4-37

图 4-38

　　顺光是指从拍摄主体正面照射而来的光线,是摄影时最常用的光线之一。采用顺光拍摄视频,能够呈现出拍摄主体自身的细节及特点,从而对拍摄主体进行细腻的展现。

　　侧光是指光源照射方向与视频拍摄方向成直角,光线从拍摄主体的左侧或右侧直射而来。因此,拍摄主体受光源照射的一面非常明亮,而另一面则比较阴暗,画面的明暗层次非常鲜明。采用侧光拍摄视频,可以使画面具有一定的立体感和空间感。

　　逆光是一种具有艺术魅力和较强表现力的光线。它是拍摄主体刚好处于光源和拍摄设备之间时的光线,但是这种光线容易使拍摄主体出现曝光不足的情况。如果能合理利用画面中各部分所呈现出的明暗反差,则会使画面的立体感增强。

　　顶光是指从顶部直接照射到拍摄主体上的光线。此时,阴影在拍摄主体下方,面积很小,几乎不会影响拍摄主体的色彩和形状的展现。顶光很亮,能够展现出拍摄主体的细节,使拍摄主体更加明亮。

4.6.6 透视构图:让视觉得到延伸

　　透视构图是指通过画面中的某一条线或某几条线由近及远形成的延伸感进行构图。能使观众的视线沿着画面中的线条汇聚到一点。

视频拍摄中的透视构图可大致分为两种：单边透视和双边透视。单边透视是指视频画面中只有一边带有由远及近形成延伸感的线条，如图4-39所示。双边透视则是指视频画面两边都有由远及近形成延伸感的线条，如图4-40所示。

图 4-39

图 4-40

透视构图可以增强视频画面的立体感，而且透视本身就有近大远小的规律，视频画面中近大远小的事物组成的线条或者本身具有的线条能引导观众的视线，达到吸引注意力的效果。

4.6.7 景深构图：光圈调节有重点

当某一物体对焦清晰时，该物体前面到其后面的某一段距离内的所有景物也是相当清晰的，这段距离称为景深，而其他地方则是模糊（虚化）的效果，如图4-41所示。

如今很多智能手机拍摄视频时都允许自由

图 4-41

调节光圈。调节光圈时要注意，光圈过大，可能会影响镜头成像的效果，视频画面会不够锐利，通常将光圈数值设置为F5.6~F8即可。在拍摄视频时可以多调整、多试拍，找到合适的光圈数值。

4.6.8　九宫格构图：妙用黄金分割点

　　九宫格构图又称井字形构图，是拍摄中重要且常见的一种构图方式。使用九宫格构图拍摄视频，就是把画面当作一个有边框的区域，将上、下、左、右4个边都三等分，这4条三等分线形成一个"井"字，它们相交的点为画面的黄金分割点，也可以称为趣味中心。在拍摄时，将主体放在趣味中心上，可以很好地突出拍摄主体。图4-42所示的画面就是比较典型的九宫格构图，作为主体的向日葵被放在了趣味中心的位置，整个画面看上去非常有层次感。

图 4-42

第 5 章

上手操作，
轻松玩转视频剪辑

　　第 4 章介绍了拍摄视频的各种技巧，拍摄好视频素材之后，就要进入润色加工的阶段。前期的拍摄工作好比写一篇小说时进行构思、搭建框架，然后完成初稿；而后期制作就是对初稿进行加工，使作品更完善，从而被大众接受并喜爱。

5.1 常用剪辑软件，创作视频的必备"神器"

视频剪辑软件分为手机端软件和电脑端软件。常见的手机端剪辑软件有剪映、秒剪、巧影、快剪辑等，这类剪辑软件便于操作，可用于剪辑一些简单的短视频，新手非常容易上手。常见的电脑端剪辑软件有 Final Cut Pro、Premiere Pro、快剪辑等，这类剪辑软件在操作上会有一定的难度，但是功能比较强大。读者可以根据自身的情况去选择适合自己的剪辑软件。

5.1.1 Premiere Pro：专业高效且实用

Premiere Pro 是 Adobe 公司推出的一款专业且功能强大的视频编辑软件。该软件为用户提供了素材采集、剪辑、调色、特效、字幕、输出等一整套视频编辑功能，简便实用，被广泛应用于电视节目制作、自媒体视频制作、广告制作、视觉创意等领域。图 5-1 为 Premiere Pro 的操作界面。

图 5-1

1. 优点

- ⊃ 功能强大，特效丰富。
- ⊃ 操作步骤较为简单，容易上手。
- ⊃ 支持所有标清和高清格式的视频编辑。
- ⊃ 可以和其他 Adobe 软件高效集成，如 Photoshop、After Effects、Audition 等。

2. 缺点

- ⊃ 对电脑配置的要求比较高。
- ⊃ 添加字幕不方便，需借用其他软件。
- ⊃ 剪辑中容易出现卡顿，意外退出等问题。

5.1.2 Final Cut Pro：满足制作全需求

Final Cut Pro 是苹果公司推出的一款专业视频非线性编辑软件，也是 macOS 上最佳的视频剪辑软件之一。Final Cut Pro包括导入、组织媒体、编辑、添加效果、添加音效、设置颜色、导出等功能，极具专业性。在兼容性方面，Final Cut Pro支持DV标准和所有的QuickTime格式，支持GPU加速、后台渲染、多路核心处理器，可编辑最高4k分辨率的视频。图5-2为Final Cut Pro的操作界面。

图 5-2

1. 优点

⮩ 内置多种特效。

⮩ 界面清爽，稳定性强。

⮩ 预览视频流畅，渲染速度快。

2. 缺点

⮩ 效果插件需要付费使用。

⮩ 在苹果电脑上才能使用，设备较贵。

5.1.3 剪映：随心所欲编辑视频

剪映是抖音官方推出的一款手机视频剪辑软件。它拥有较多的模板，尤其是"剪同款"功能，用户可以在其中搜索模板，剪辑出与模板相同的效果。剪映的一键制作功能比较强大，非常适合入门者使用。并且剪映带有多种剪辑功能，支持变速，拥有多种滤镜效果及丰富的曲库资源，具有iOS版和Android版。用户进入视频编辑界面后，如图5-3所示，在界面下方可以看到11个功能板块：剪辑、音频、文字、贴纸、画中画、特效、素材包、滤镜、比例、背景、调节。

1. 界面上方

界面上方（图5-3中的椭圆框）包含关闭（返回上级，会自动保存草稿）、全屏预览、导出（生成MP4格式视频）等功能标识。

操作技巧：双指操作可以放大或缩小视频画面，也可以旋转画面。

图 5-3

2. 剪辑区

界面中间的剪辑区（图 5-3 中的方框）包含时间刻度、小喇叭（点击可关闭或打开视频声音）、中间的竖线（当前时间线）、"+"（添加素材按钮）等功能标识。

操作技巧：长按可拖动视频，双指操作可拉长时间线，以进行精细的操作。

3. 底部功能区——多级菜单（位于方框下面）

➲ 一级菜单：剪辑、音频、文字、贴纸、画中画、特效、素材包、滤镜、比例、背景、调节。

➲ 二级菜单：用户点击一级菜单后，可进入二级菜单，具体内容如图 5-4 所示；二级菜单最左边有个单箭头按钮，点击可回到上一级菜单。

➲ 三级菜单：部分操作有三级菜单，三级菜单最左边有个双箭头按钮，点击可回到上一级菜单。

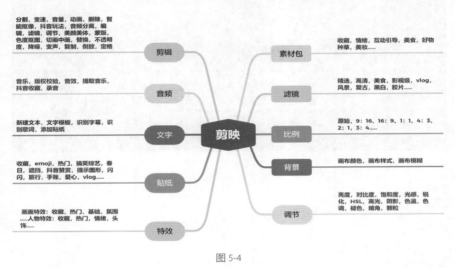

图 5-4

> **提示：** 使用剪映剪辑出来的视频会自带剪映Logo，在其他平台发布视频时需要手动去除。

5.1.4 秒剪：微信官方剪辑软件

秒剪是微信官方推出的一款移动端视频剪辑软件，界面简洁，剪辑出来的视频满足视频号的尺寸要求。秒剪支持AI剪辑，可以一键成片，用户只需要将素材导入即可自动完成包装，操作简单，非常容易上手。并且秒剪也支持视频的裁剪和速度的调整，以及贴纸、转场、特效等元素的添加。图 5-5 为秒剪的视频编辑界面。目前秒剪的功能板块主要分为以下6个。

➲ 模板：用户只需导入需要使用的素材，然后添加喜欢的模板，系统会自动添加模板中的文字、特效及背景音乐，合成视频。

➲ 音乐：提供大量曲目，并且可以一键为视频添加歌词。

➲ 文字·贴图：提供多种风格的字幕样式，并且可以为视频添加贴纸，制作个性化封面，增强视频趣味性。

➲ 滤镜：提供30多款不同风格的滤镜，并且可以手动调节画面色调。

➲ 特效·转场：可以实现素材的自然过渡，并为视频添加酷炫的特效元素。

つ 剪辑：可以任意裁剪视频画面，截取视频片段，并且对视频素材进行复制、替换与删除等操作。

> **提示：** 秒剪操作简单，容易上手，但功能较为单一，不齐全。

5.2 短视频剪辑流程

在短视频创作中，前期拍摄的视频只是一些零散或分离的素材，只有经过后期对拍摄的视频进行编排，并添加音乐、文字、特效等，才能创作出优质的短视频，本节将详细介绍短视频的剪辑流程。

图 5-5

一般而言，短视频剪辑的流程主要包括以下步骤。

1．采集和复制素材

首先将前期拍摄的视频素材文件输入计算机，或者将素材文件直接复制到计算机，然后整理前期拍摄的所有素材文件，并编号归类为原始视频资料。

2．研究和分析脚本

在归类整理视频影像素材文件的同时，对准备好的短视频文字脚本和分镜脚本进行仔细和深入的研究，从主题内容和画面效果两个方面进行深入分析，以便为后续的剪辑工作提供支持。

3．视频粗剪

审看全部的原始视频资料，然后从中挑选出内容合适、画质优良的视频资料，并按照短视频脚本的结构顺序和编辑方案，将挑选出来的视频资料组接起来，构成一则完成的短视频。

4．精剪

对粗剪的视频进行仔细分析和反复观看，然后在此基础上精心调整有关画面，包括剪接点的选择，每个画面的长度处理，整个短视频节奏的把控，音乐、音效的设计，以及被摄主体形象的塑造等，按照调整好的结构和画面制作成一则精良的短视频。

5．配音字幕合成

为视频添加字幕、添加解说配音、制作片头片尾等，并全部合并到视频画面中，制作成最终的短视频。

6．输出完成的短视频

剪辑完成后，创作者可以采用多种形式输出完成的短视频，并上传到短视频平台上进行曝光推广。目前，短视频的输出格式大多为MP4格式。

5.3 开始初步剪辑，学习剪辑的基本操作

如果将视频剪辑工作看作建一个房子的过程，那么素材则可以看作房子的基石。运营者进行视频剪辑工作时，要先掌握编辑素材的各项基本操作，例如分割素材、调整时长、复制素材、删除素材、变速和替换等。只有掌握了编辑素材的方法，剪辑视频的过程才会变得更加轻松。本节将以剪映为例，详细介绍视频剪辑的基本操作。

5.3.1 添加调整：添加、删除都可以

剪映界面简洁，功能全面、丰富，主界面包括"剪辑""剪同款""创作课堂""消息""我的"等板块。在编辑素材前，首先要将素材添加至剪辑项目中。

01 在主界面中点击"开始创作"按钮 **+**，如图 5-6 所示，进入素材添加界面。

02 在素材添加界面中，可以选择手机本地相册中的照片或视频素材，如图 5-7 所示，也可以切换至剪映内置素材库，在其中选择素材，如图 5-8 所示。

图 5-6

图 5-7

03 添加素材后，即可进入视频编辑界面，选择的素材会自动添加至时间轴，如图 5-9 所示。如果同时添加了多个素材，则素材会以拼接的形式分布在一个图层中，如图 5-10 所示。

图 5-8

图 5-9

04 在编辑过程中，如果对某个素材不满意，可以将该素材删除。删除素材的方法很简单，在时间轴中选中需要删除的素材，然后在编辑界面底部点击"删除"按钮 即可，如图 5-11 所示。

图 5-10

图 5-11

> **提示**：无论是选择本地相册中的照片或视频素材，还是选择剪映内置素材库中的素材，都可以同时选择几组素材，一次性全部导入。

5.3.2 素材长度：左右拖动即可控制

在不改变视频素材播放速度的情况下，如果对素材的长度不满意，可以通过拖动素材裁剪框的前端和后端来调整，具体操作方式如下。

01 在时间轴中选中一段时长为 15 秒的素材，如图 5-12 所示。

02 向左拖动素材裁剪框的后端，可以将素材缩短，如图 5-13
所示。如果觉得素材过短，向右拖动裁剪框后端，则可以将其向
后延长，如图 5-14 所示。

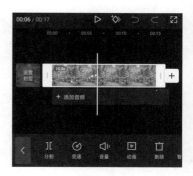

图 5-12

图 5-13

图 5-14

03 向右拖动裁剪框的前端可以将素材缩短，如图 5-15 所示；向左拖动裁剪框的前端则可以将素材向前延长，如图 5-16 所示。需要注意的是，如果素材前面没有内容了，就不能向前延长。

图 5-15

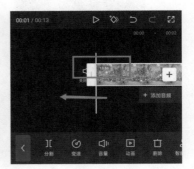

图 5-16

提示： 有时候会遇见导入的视频素材无法延长的情况，这是因为视频素材的延长是建立在原素材时长的基础上的。比如，在剪映当中导入一段时长为5秒的视频素材，在不改变播放速度的情况下，其长度最多只能为5秒，不可能在5秒的基础上继续延长。但如果导入的是图片素材，则长度不受限制。

5.3.3 播放速度：灵活变速更有层次

在剪映中，视频素材的播放速度是可以自由调节的。灵活使用变速效果会令视频更加有趣：使用一些快节奏的音乐搭配快速播放的画面，会令整个视频更有动感，让观众不禁随画面和音乐摇摆；而使用轻音乐搭配慢速播放的画面，则会使整个视频的节奏变得舒缓，让人心情放松。

01 打开剪映的剪辑界面，在轨道区域选中视频素材，点击"变速"按钮 ，如图 5-17 所示。

图 5-17

02 在打开的变速选项栏中点击"常规变速"按钮 ![icon]，可以看到该素材的时长为 22 秒，播放速度为 1 倍速，如图 5-18 所示。

03 在选中素材的状态下，拖动滑块可以调整播放速度。如果需要加快播放速度，则将滑块向右拖动，可以看到显示的视频时长变为 12 秒，播放速度为 2 倍速，如图 5-19 所示。

04 如果需要调慢播放速度，则将滑块向左拖动，可以看到显示的视频时长变为 35 秒，播放速度为 0.6 倍速，如图 5-20 所示。

图 5-18

图 5-19

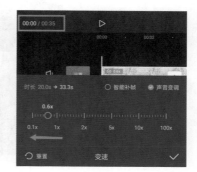

图 5-20

5.3.4 播放顺序：重组倒放更流畅

在剪辑视频时，经常需要在一个视频项目中放入几个素材，然后通过素材之间的编辑和重组来制作出一个完整的视频。在剪映里，用户可以在时间轴中手动调整素材的顺序。

01 在时间轴中，长按其中一个素材，将其拖动到另一个素材的前面或后面，如图 5-21 所示。

02 完成操作后，可以发现两个素材的顺序已经调换，图 5-22 所示为调整顺序之后的效果。

图 5-21

图 5-22

5.3.5 视频降噪：减弱晃动与噪声

日常拍摄时，由于环境因素的影响，拍摄的素材中或多或少会夹杂一些杂音，非常影响观看体验。剪映为用户提供了视频降噪功能，方便用户去除素材中的各类杂音，从而有效地提升素材的质量。

01 在时间轴中选中需要进行降噪处理的视频素材，然后点击底部工具栏中的"降噪"按钮，如图 5-23 所示。

02 此时剪映将自动进行降噪处理，如图 5-24 所示。

提示： 剪映中的降噪功能仅适用于视频素材。

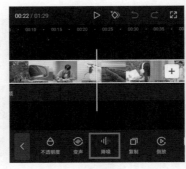

图 5-23

图 5-24

5.3.6 动画效果：让画面更具动感

剪映为用户提供了旋转、伸缩、回弹、形变、抖动等众多动画效果，用户在完成素材的基本调整后，如果觉得画面效果比较单调，可以尝试为素材添加动画效果。

01 在时间轴中选中一段素材，然后在底部工具栏中点击"动画"按钮，如图 5-25 所示。

02 进入动画选项栏，可以看到其中有"入场动画""出场动画""组合动画"3 个选项，如图 5-26 所示。这里以组合动画的添加为例。

图 5-25

图 5-26

03 点击"组合动画"按钮，在其中可以选择任意效果将其应用，然后点击"√"按钮保存操作，如图 5-27 所示。图 5-28 为添加了"波动滑出"动画效果的示意图。

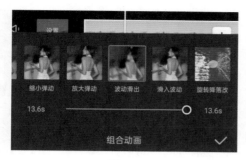

图 5-27

图 5-28

> **提示：** 在选中动画效果后，可以调整下方的"动画时长"滑块，来改变动画的持续时间。

5.3.7 抖音玩法：追赶视频新潮流

剪映中的"抖音玩法"集合了抖音平台当下比较流行的一些玩法，比如立体相册、性别反转、3D 运镜等，用户只需导入素材，即可一键应用相应效果，生成视频。

01 在时间轴中选中需要使用的素材，然后点击底部工具栏中的"抖音玩法"按钮 🗄，如图 5-29 所示。

02 在选项栏中选择任意效果将其应用，然后点击"√"按钮保存操作，如图 5-30 所示。

03 完成所有操作后，可以在预览区域中看到应用的效果，图 5-31 为应用"立体相册"效果的示意图。

图 5-29

图 5-30

图 5-31

5.4 正确添加字幕，让画面内容生动

在影视作品中，字幕用于将语言内容以文字的方式显示。观众观看视频是一个被动接受信息的过程，多数时候观众很难集中注意力，此时就需要字幕来帮助观众更好地理解和接受视频的内容。

本节将以剪映为例，为读者介绍一些短视频字幕的添加与处理方法。

5.4.1 开头字幕：趣味表达引起兴趣

开头字幕一般都会被视作短视频的标题，所以在开头字幕上运用一些趣味表达或添加一些特殊效果，可以有效地吸引观众的注意力。

剪映内置的字幕模板里面有各种风格的字幕，用户利用该功能，可以一键添加开头字幕，节省工作时间、下面详细介绍怎么利用剪映的字幕模板快速添加开头字幕。

01 打开剪映，点击"开始创作"按钮 ➕，进入素材添加界面，导入需要添加字幕的素材，点击"添加"按钮，将素材添加至剪辑项目中，然后在底部工具栏中点击"文字"按钮 **T**。

02 点击"文字模板"按钮 🄰，打开模板选项栏，可以看到里面有"片头标题""片中序章""片尾谢幕""综艺感"等不同类别的字幕模板，如图 5-32 和图 5-33 所示。

| 图 5-32 | 图 5-33 |

03 在"片头标题"类别中，选择任意一款字幕添加至画面中，如图 5-34 所示，然后在预览区域中调整字幕的大小和位置，如图 5-35 所示。

04 完成所有操作后，可以进行预览，效果如图 5-36 所示。

| 图 5-34 | 图 5-35 |

图 5-36

5.4.2 语音字幕：直观表现视频内容

语言字幕，顾名思义，就是将视频中的语音内容以文字的形式显示。剪映内置的"识别字幕"和"识别歌词"功能，可以对视频中的语音和音乐的歌词进行智能识别，然后自动转化生成字幕。通过该功能，可以快速且轻松地完成字幕的添加工作，以达到节省工作时间的目的。

下面就以"识别歌词"功能的使用方法为例，详细介绍语言字幕的添加方式。

01 将素材导入剪辑项目后，点击底部工具栏中的"音频"按钮 🎵，点击"音乐"按钮 🎵，添加一首与素材相匹配的歌曲，如图 5-37 所示。

02 将歌曲导入剪辑项目后，点击"文字"按钮 T，点击"识别歌词"按钮 🔲 →"开始识别"按钮，如图 5-38 所示。

03 系统完成歌词识别工作后，将在歌曲的下方自动生成歌词字幕，如图 5-39 所示。

图 5-37

图 5-38

图 5-39

04 选中自动生成的歌词字幕，可以在底部工具栏中点击"编辑"按钮 Aa，打开样式列表，对文本进行编辑，如图 5-40 和图 5-41 所示。

05 完成所有操作后，点击视频编辑界面右上角的 导出 按钮，将视频导出到手机本地相册。视频效果如图 5-42 所示。

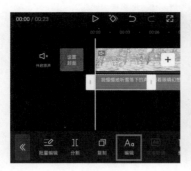

图 5-40　　　　　　　　　　　　　　　　图 5-41

图 5-42

> **提示:** 系统识别歌词时, 受演唱者的发音影响, 容易产生错误。此外, 在识别台词时, 如果人物说话的声音太小, 或者语速过快, 也会影响字幕自动识别的准确性。因此在完成歌词和字幕的自动识别工作后, 一定要检查一遍, 及时对错误的文字内容进行修改。

5.4.3　旁白字幕: 补充传达思想内涵

旁白是指戏剧角色背着台上其他剧中人对观众说的话, 也指影视剧中的解说词。说旁白者不出现在画面中, 直接以语言对影片的故事情节、人物心理加以叙述、抒情或议论。旁白可以传递更丰富的信息, 表达特定的情感和思想内涵, 启发观众思考。旁白也是画外音的一种。

下面就以中英双语字幕的制作方法为例, 详细介绍旁白字幕的添加方式。

01 将背景视频素材导入剪辑项目后, 点击"画中画"按钮■→"新增画中画"按钮■, 导入提前准备好的配音视频素材, 如图 5-43 和图 5-44 所示, 然后在预览区域中将配音视频素材拖动到显示区域外隐藏。

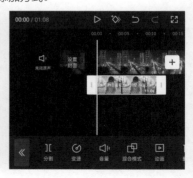

图 5-43　　　　　　　　　　　　　　　　图 5-44

02 在底部工具栏中点击"文字"按钮 **T**，点击"识别字幕"按钮 **A** → "开始识别"按钮，如图 5-45 和图 5-46 所示，系统完成识别工作后，将在素材的下方自动生成字幕，如图 5-47 所示。

图 5-45   图 5-46   图 5-47

03 在底部工具栏中点击"编辑"按钮 **Aa**，打开样式列表，对文本进行编辑，如图 5-48 和图 5-49 所示，在样式分类中找到"粗斜体"，给文本添加下划线，再点击"描边"，选择黑色，把数值调整为 15 左右，点击"字体"，为文本设置"思源粗宋"字体，并在预览区域中调整字幕的大小和位置。

图 5-48   图 5-49

04 选中字幕，点击"复制"按钮 **▣**，将每一句话都复制一遍，如图 5-50 和图 5-51 所示。

图 5-50   图 5-51

05 选中复制的字幕，点击"编辑"按钮 ，点击搜狗输入法的图标，如图 5-52 所示，选择"快捷翻译"，然后全选字幕并复制，把文本粘贴到翻译区域，如图 5-53 所示，就可以自动翻译成英文。

图 5-52   图 5-53

06 按照 05 步将每一段字幕都翻译成英文，如图 5-54 所示，然后选中英文字幕，点击"编辑"按钮 ，在样式列表中取消"应用到所有字幕"和下划线的选择，如图 5-55 所示，并在预览区域中调整英文字幕的大小和位置。

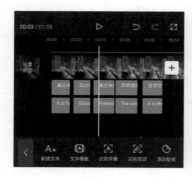

图 5-54   图 5-55

07 按照 06 步，完成所有英文字幕的编辑，然后再为视频添加一首合适的音乐，即可点击视频编辑界面右上角的 按钮，将视频导出到手机本地相册，视频效果如图 5-56 所示。

图 5-56

5.4.4 特色字幕：为视频画面增色

平时在刷短视频时，很多观众应该都在视频中看到过一些很有特色的字幕，比如一些小贴士、小标签还有综艺花字等。这些字幕可以在恰当的时刻很好地活跃视频的气氛，吸引观众，为视频画面大大增色。下面就来详细介绍怎么在视频中添加特色字幕。

01 将需要添加字幕的视频素材导入剪辑项目后，点击底部工具栏中的"文字"按钮，然后点击"文字模板"按钮，打开模板选择栏，如图 5-57 和图 5-58 所示。

图 5-57   图 5-58

02 剪映的"字幕模板"中有"情绪""科技感""好物种草""美食""美妆""标签"等不同类别，用户可以根据视频素材的类别进行选择，然后选择其中任意一款字幕添加至画面中。这里以美食为例，如图 5-59 所示。选择好字幕模板后，在预览区域中点击文本框即可输入文字，如图 5-60 所示。

图 5-59   图 5-60

03 编辑好文字之后，在预览区域中调整字幕的大小和位置，效果如图 5-61 所示。

图 5-61

5.5 处理多种音频：声画结合充实作品

一个完整的视频通常是由画面和音频组成的。视频中的音频可以是视频原声、后期录制的旁白，也可以是特效音效或背景音乐。对于视频来说，音频是不可或缺的组成部分。原本普通的视频画面，只要配上调性明确的音频，就可能变得更加打动人心。本节将以剪映为例，详细介绍各种音频处理的技巧。

5.5.1 基础：音频的淡化处理

对于一些没有前奏和尾声的音频素材，在其前后添加淡化效果，可以有效降低其进出场时的突兀感。而在两个衔接的音频之间加入淡化效果，可以令音频之间的过渡更加自然。

01 在时间轴中选中音频素材，点击底部工具栏中的"淡化"按钮▥，然后在打开的淡化选项中设置音频的淡入时长和淡出时长，如图 5-62 和图 5-63 所示。

图 5-62

图 5-63

02 完成操作后，可以看到添加了淡化效果的音频素材进出场的位置有明显变化，如图 5-64 所示。

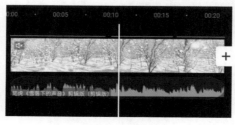

图 5-64

5.5.2　音量：声音大小自由设置

　　剪辑视频时，可能会出现音频声音过大或过小的情况。为了满足不同的制作需求，剪映中有专门的功能可以对音量进行调整。用户在剪辑项目中添加音频素材后，可以自由调整素材的音量，以满足视频的制作需求。

　　01 在时间轴中选中音频素材，然后点击底部工具栏中的"音量"按钮，在打开的音量选项栏中，左右拖动滑块即可改变素材的音量，如图 5-65 和图 5-66 所示。

　　02 倘若用户在剪辑项目中导入带有声音的视频素材后，想实现视频素材静音，可以点击时间轴中的"关闭原声"按钮，如图 5-67 所示。

图 5-65

图 5-66

图 5-67

5.5.3　提取：便捷操作用同款

　　剪映支持用户对本地相册中的视频进行音乐提取，简单来说就是将其他视频中的音乐提取出来单独应用到当前的剪辑项目中，用户也可以利用这一功能去提取抖音视频中的同款音乐。

　　01 在未选中素材的状态下，点击底部工具栏中的"音频"按钮，然后在打开的音频选项栏中点击"提取音乐"按钮，如图 5-68 所示。

图 5-68

02 在打开的素材添加界面中选择带有音乐的视频，然后点击"仅导入视频的声音"按钮，如图5-69所示。

03 完成上述操作后，视频中的音乐将被提取并自动添加至当前剪辑项目中，如图5-70所示。

图 5-69

图 5-70

5.5.4 变声：声线处理很简单

看过游戏直播的观众应该知道，很多平台主播为了提高直播人气，会使用变声软件在游戏里进行变声。搞怪的声音配上幽默的话语，时常引得观众们捧腹大笑。

对视频原声进行变声处理，在一定程度上可以强化人物的情绪，而对于一些趣味性或恶搞类短视频来说，变声可以很好地放大视频的幽默感。

01 在底部工具栏中点击"录音"按钮 🎤，如图5-71所示，录制好音频素材后，在时间轴中选中音频素材，点击"变声"按钮 🔄，如图5-72所示。

图 5-71

02 在打开的变声选项栏中，可以看到"基础""搞笑""合成器"等不同的变声选项，用户可以根据实际需求选择变声效果，如图5-73所示。

图 5-72

图 5-73

5.5.5 音效：打造出特色效果

很多短视频里的搞笑画面常常会伴随着各种滑稽音效，这种效果往往能给观众带来一种轻松、愉悦的观看体验，剪映也为用户提供了添加音效功能。

01 在时间轴中，将时间线拖动到需要添加音效的时间点，在未选中素材的状态下，点击"添加音频"选项，或点击底部工具栏中的"音频"按钮 ♪，打开音频选项栏，点击"音效"按钮 ⚡，如图 5-74 和图 5-75 所示。

图 5-74

图 5-75

02 完成上述操作后，即可打开音效选项栏，在里面可以看到"综艺""笑声""机械""BGM""人声""游戏""魔法""动物"等不同类别的音效，如图 5-76 所示。

03 用户可以点击音效进行试听，然后选择自己需要使用的音效，点击音效右侧的"使用"按钮 使用，即可将音效添加至剪辑项目中，如图 5-77 和图 5-78 所示。

图 5-76

图 5-77

图 5-78

5.5.6 卡点：卡点视频有特色

卡点视频一般分为两类：图片卡点和视频卡点。图片卡点是将多张图片组合成一个视频，让图片根据音乐的节奏进行规律的切换；视频卡点则是根据音乐节奏进行转场或内容变化，或是使高潮情节与音乐的节奏点同步。

01 从手机相册导入 7 张图片，然后添加一首音乐。选中音乐素材，点击底部工具栏中的"踩点"按钮▣，如图 5-79 所示，选择"自动踩点"，然后点击"踩节拍丨"，如图 5-80 所示，完成操作后，点击右下角的"√"按钮保存操作。

图 5-79

图 5-80

02 此时可以看到时间轴中的音乐素材上出现了黄色的标记点，如图 5-81 所示。将时间线移至第二个黄色标记点的位置，选中第一张图片，向左拖动素材裁剪框的后端，将片段时长缩减，如图 5-82 所示。

图 5-81

图 5-82

03 按照 02 步的方式调整好余下 6 张图片，使每一张图片都位于两个标记点中间，如图 5-83 所示。调整好之后，预览视频，视频中的图片将根据音乐的节奏进行规律的切换。

图 5-83

5.5.7 朗读文本：制作语音效果

剪映的"朗读文本"功能可以将文字转化语音，用户如果觉得自己录制旁白太麻烦，或者想使用一些特定的声音，使自己的视频听上去更专业，就可以借助于剪映的"朗读文本"功能。

01 将背景视频素材导入剪辑项目后，在底部工具栏中点击"文字"按钮 **T** → "新建文本"按钮 **A+**，进入文字编辑界面，如图 5-84 所示，在顶部的文本框输入需要转化为语音的文字。

02 在时间轴中选中文字素材，然后在底部工具栏中点击"文本朗读"按钮 **Aa**，如图 5-85 所示。

图 5-84 　　　　　　　　　　　　　　　图 5-85

03 打开文本朗读选项栏，可以看到里面有"特殊方言""趣味歌唱""萌趣动漫""女声音色"等不同类别的声音选项，用户可以根据自己的实际需要选择其中一种声音，点击应用，然后点击右下角的 **✓** 按钮保存操作，如图 5-86 所示。

04 此时时间轴中会自动生成一段音频，用户可以在底部工具栏点击"音频"按钮 **♪** 进行查看，如图 5-87 所示。

图 5-86 　　　　　　　　　　　　　　　图 5-87

第6章

精美特效，
巧用技术优化画面

　　给视频加上各种各样的动态效果，或是发挥奇思妙
想增加一些新奇的特效背景，可以令视频更加吸人眼球。
短视频平台上的视频种类非常多，但如果仔细观察，就
会发现特效视频占很大一部分，这类视频也更为观众所
喜爱。

其实只要掌握了特效视频的制作方法，普通视频也能马上变成特效大片。本章将以剪映为例，详细介绍如何利用剪映提供的各类模板和效果来完成短视频特效的添加与制作。

6.1 借助美颜美体，实现魅力最大化

如今不少短视频的内容还是以人为主体，那么在进行后期处理时，自然就少不了使用美颜美体工具。适当地使用美颜美体工具可以减少人物的瑕疵，让人物的镜头魅力最大化。

6.1.1 智能美颜：效果立竿见影

如今无论是相机还是手机，像素都越来越高，导致拍摄时人物脸部的瑕疵变得明显。这时用户便可以使用剪映内置的"智能美颜"功能，对人物的面部进行美化处理。

图 6-1

01 将需要处理的素材导入剪辑项目后，在时间轴中选中素材，点击底部工具栏中的"美颜美体"按钮 ⬚，如图 6-1 所示。打开选项栏后，可以看到"智能美颜""智能美体""手动美体"3 个选项，如图 6-2 所示。

02 点击"智能美颜"按钮 ⬚，打开智能美颜选项栏后，可以看到里面有"磨皮""瘦脸""大眼""瘦鼻""美白"等选项，如图 6-3 所示。用户可以根据实际需要进行选择，并滑动下方的数值滑块，对效果强度进行调整。

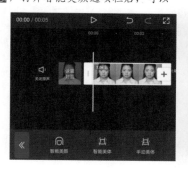

图 6-2

图 6-3

图 6-4

图 6-5

03 例如，将磨皮数值调至 60，瘦脸数值调至 100，美白数值调至 90，美颜前后的效果对比如图 6-4 和图 6-5 所示。

6.1.2 智能美体：瘦腰长腿看得见

除了"智能美颜"功能，在剪映中，用户还可以使用"智能美体"功能，改善人物的身体形态。

01 将需要处理的素材导入剪辑项目后，在时间轴中选中素材，点击底部工具栏中的"美颜美体"按钮 🖼️ →"智能美体"按钮 🖼️，如图6-6所示。

02 打开智能美体选项栏后，可以看到里面有"瘦身""长腿""瘦腰""小头"等选项，如图6-7所示。用

图 6-6

图 6-7

户可以根据实际需要进行选择，并滑动下方的数值滑块，对效果强度进行调整。例如，将瘦身数值调至90，长腿数值调至50，瘦腰数值调至80，小头数值调至50，美体前后的效果对比如图6-8和图6-9所示。

图 6-8

图 6-9

6.1.3 手动美体：局部微调更自然

使用剪映的"手动美体"功能，用户可以自行选择需要调整的部位，对人物进行局部微调，这样处理的效果会更加自然。

01 将需要处理的素材导入剪辑项目后，在时间轴中选中素材，点击底部工具栏中的"美颜美体"按钮 🖼️ →"手动美体"按钮 🖼️，如图6-10所示。打开手动美体选项栏后，可以看到里面有"拉长""瘦身瘦腿""放大缩小"等选项，如图6-11所示。

图 6-10

图 6-11

02 点击"拉长"按钮，预览区域会浮现两根黄色线条，用户可以移动线条选取需要调整的部位，然后在底部滑动数值滑块，对效果强度进行调整，如图6-12所示。

03 点击"瘦身瘦腿"按钮，预览区域中同样会浮现黄色线条，用户可以在预览区域移动线条或调整大小，然后在底部滑动数值滑块，对效果强度进行调整，如图 6-13 所示。

04 手动美体前后的效果对比如图 6-14 和图 6-15 所示。

图 6-12

图 6-13

图 6-14

图 6-15

6.2 应用抠图抠像，增加视频创意

"抠像"一词源于早期电视制作，意思是吸取画面中的某一种颜色作为透明色，将它从画面中抠去，从而使背景"透"出来，形成两层画面叠加合成的效果。这样，在室内拍摄的一些图像经抠像后与各种景物叠加在一起，会形成神奇的艺术效果。

6.2.1 色度抠图：增加视频创意

剪映中的"色度抠图"功能，可以将视频中的某一种颜色变为透明，结合纯色背景素材，即常说的"绿幕"，从而可以进行视频的抠像操作。

01 剪映内置的素材库为用户提供了很多绿幕素材，如图 6-16 所示。将"老虎"素材添加到剪辑项目中。在选中该素材的状态下，点击底部工具栏中的"色度抠图"按钮 ▦，如图 6-17 所示。

图 6-16

02 画面中将出现一个圆环，同时界面下方会出现相关功能
按钮，如图 6-18 和图 6-19 所示。功能按钮的介绍如下。

⊃ 取色器：该按钮对应画面中的圆环，在画面中拖动圆环，
可以选取要抠除的颜色。

⊃ 强度：用来调整取色器所选颜色的透明度，数值越大，透
明度越高，颜色被抠除得越干净。

⊃ 阴影：用来调整抠除背景后图像的阴影。

图 6-17

图 6-18

图 6-19

03 在画面中拖动圆环，将其移动到绿色背景上，如图 6-20 所示。然后在下方点击"强度"按钮
▣，将滑块拖动至最右端，如图 6-21 所示。

图 6-20

图 6-21

04 完成上述操作后，绿幕素材中的绿色背景将被抠除，如图 6-22 所示。完成抠像工作后，可以
使用剪映的"背景画布"功能更换背景，如图 6-23 所示。

图 6-22

图 6-23

6.2.2 智能抠像：制作个性画面

剪映中的"智能抠像"功能可以一键快速去除背景，生成透明背景素材。用户可以更换背景，制作个性画面。

01 在剪映素材库中选择"飞机"素材，将其添加到剪辑项目中。在选中该素材的状态下，点击底部工具栏中的"智能抠像"按钮，如图 6-24 所示。

图 6-24

02 绿幕素材中的绿色背景将被抠除，如图 6-25 所示。完成抠像工作后，可以使用剪映的"背景画布"功能更换背景，如图 6-26 所示。

图 6-25

图 6-26

> **提示：** 使用"智能抠像"功能一键去除绿色背景后，画面中可能会残留些许绿色，用户可以使用剪映的"调节"功能，在"HSL"选项中将绿色的饱和度降到最低，即可将画面中残留的绿色去除。

6.2.3 画中画：展示新增窗口

"画中画"顾名思义就是使画面中再出现一个画面。"画中画"功能不仅能使两个画面同步播放，还能实现简单的画面合成效果，从而制作出很多创意视频。

01 打开剪映，在素材添加界面选择一段"城市风光"背景视频添加至剪辑项目中，然后在底部工具栏中点击"比例"按钮，选择9:16的比例，如图 6-27 和图 6-28 所示。

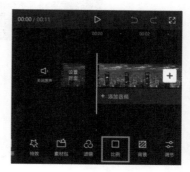

图 6-27

02 点击"画中画"按钮 🔲→"新增画中画"按钮 ➕，进入
素材添加界面，导入同一段视频素材，如图6-29和图6-30所示。

图 6-28

图 6-29   图 6-30

03 在时间轴中选中画中画素材，点击"编辑"按钮 ⬜，进入编辑选项栏，点击"镜像"按钮 ⬛，
如图6-31和图6-32所示。

图 6-31   图 6-32

04 在预览区域将画中画素材逆时针旋转180°，如图6-33所示。然后调整画中画素材的大小，使
其与原视频重合，如图6-34所示。

05 在预览区域中将画中画素材移动至区域的上方，将原视频移动至区域的下方。

06 完成所有操作后，为视频添加一首合适的音乐，然后点击视频编辑界面右上角的 按钮，将
视频导出到手机本地相册，视频效果如图6-35所示。

图 6-33

图 6-34

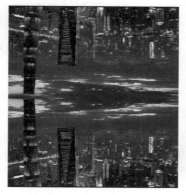

图 6-35

6.2.4 图形蒙版：定义画面形态

蒙版也可以称为"遮罩"，该功能可以轻松地遮挡部分画面或显示部分画面，是非常实用的一项视频剪辑功能。蒙版有很多种用法，可以用于制作开场、滤镜过渡、遮物转场、画中画等特殊效果。

[01] 打开剪映，在素材添加界面选择一段"海边散步"的背景视频，将其添加至剪辑项目中，然后在底部工具栏中点击"画中画"按钮■→"新增画中画"按钮■，如图 6-36 和图 6-37 所示。进入素材添加界面，导入另一段回忆视频。

图 6-36

图 6-37

02 在预览区域中将回忆视频缩小，移动到左上角，然后在底部工具栏中点击"蒙版"按钮，如图 6-38 所示。

03 打开蒙版选项栏，选择"圆形"蒙版，然后在预览区域中调整蒙版的大小，按住按钮进行拖动，羽化蒙版边缘，如图 6-39 所示。

图 6-38　　　　　　　　　　　图 6-39

04 点击界面左下角的双箭头按钮返回，如图 6-40 所示。点击"新增画中画"按钮，导入第二段回忆视频，按照 02 步的方式将视频移动至右上角，并添加蒙版进行羽化操作，如图 6-41 所示。

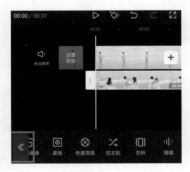

图 6-40　　　　　　　　　　　　　　　图 6-41

05 完成所有操作后，为视频添加一首合适的音乐，然后点击视频编辑界面右上角的 导出 按钮，将视频导出到手机本地相册，视频效果如图 6-42 所示。

图 6-42

6.3　添加转场效果，让视频画面更流畅

视频转场也称视频过渡或视频切换，转场效果可以使一个场景平缓且自然地转换到下一个场景，同时可以极大地增强影片的艺术感染力。用户进行视频剪辑时，利用转场可以改变视角，推进故事的发展，避免两个镜头之间产生突兀的跳动。

用户添加两个素材至剪辑项目中之后，点击素材中间的 🗆 按钮，可以打开转场选项栏，如图 6-43 和图 6-44 所示。在转场选项栏中，可以看到"基础转场"综艺转场"运镜转场""特效转场"等不同类别的转场效果。用户若想应用其中的某个转场效果，直接点击该效果即可。

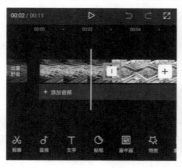
图 6-43

图 6-44

下面选取一些比较常用的转场类别进行具体介绍。

6.3.1　基础转场：简单切换画面

"基础转场"包含"叠化""闪黑""闪白""色彩溶解""滑动和擦除"等转场效果，这一类转场效果主要是通过平缓的叠化、推移运动来实现两个画面的切换。图 6-45 至图 6-47 所示为"基础转场"类别中的"滑动"效果展示。

图 6-45

图 6-46

图 6-47

6.3.2　综艺转场：营造趣味综艺感

"综艺转场"包含"电视故障""打板转场""弹幕转场""气泡转场"等转场效果，这一类转场效果包含了很多趣味综艺元素，可以为视频营造一种轻松、有趣的氛围。图 6-48 至图 6-50 所示为"综艺转场"类别中的"弹幕转场"效果展示。

图 6-48 图 6-49 图 6-50

6.3.3 运镜转场：运镜变化有奇效

"运镜转场"包含"推近""拉远""顺时针旋转""逆时针旋转"等转场效果，这一类转场效果在切换过程中会产生回弹感和运动模糊效果。图 6-51 至图 6-53 所示为"运镜转场"类别中的"拉远"效果展示。

图 6-51 图 6-52 图 6-53

6.3.4 特效转场：借助视觉特效

"特效转场"包含"色差故障""放射""马赛克""动漫火焰""炫光"等转场效果，这一类转场效果主要是通过火焰、光斑、射线等炫酷的视觉特效，来实现两个画面的切换。图 6-54 至图 6-56 所示为"特效转场"类别中的"色差故障"效果展示。

图 6-54 图 6-55 图 6-56

6.3.5 MG转场：场景切换很丝滑

MG动画是一种包括文本、图形信息、配音配乐等内容，以简洁有趣的方式描述相对复杂的概念的艺术表现形式，是一种能有效与观众交流的信息传播方式。而在MG动画制作中，场景之间转换的过程就是"转场"。MG转场可以使视频更流畅自然，视觉效果更富有吸引力，从而加深观众的印象。图 6-57 至图 6-59 所示为"MG转场"类别中的"向右流动"效果展示。

图 6-57

图 6-58

图 6-59

6.3.6　遮罩转场：图形遮罩大用途

"遮罩转场"包含"圆形遮罩""星星""爱心""水墨""画笔擦除"等转场效果，这一类转场效果主要是通过不同的图形遮罩来实现画面之间的切换。图 6-60 至图 6-62 所示为"遮罩转场"类别中的"爱心Ⅱ"效果展示。

图 6-60

图 6-61

图 6-62

6.4　选用剪辑功能，添加视频趣味

一段普通的视频很容易被淹没，若想获得更多关注，就必须提高视频的质量，在视频中加入一些复杂的技巧和元素。除了前期的拍摄，视频的效果还取决于道具的运用、特效和滤镜的添加。

6.4.1　定格功能：让画面有点律动

剪映中的"定格"功能可以帮助用户将一段视频素材中的某一帧画面提取出来，并使其成为可以单独进行处理的素材。

01 打开剪映，在主界面点击"开始创作"按钮 ⊞，进入素材添加界面，选择"小龙虾"素材，点击"添加"按钮，将素材添加至剪辑项目中，如图 6-63 所示。

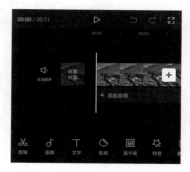

图 6-63

02 进入视频编辑界面后，点击"播放"按钮▷预览视频素材，通过预览确定定格时间点。然后在时间轴中，双指背向滑动，将时间轴放大，如图 6-64 所示。

图 6-64

03 将时间线拖动至第 8 秒的位置，如图 6-65 所示。

04 在时间轴中点击素材缩览图，选中素材，然后在底部工具栏中点击"定格"按钮▢，如图 6-66 所示。

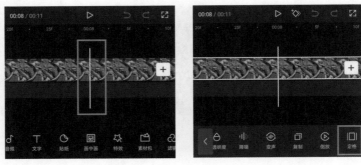

图 6-65　　　　　　　　　　图 6-66

05 此时，在时间线后将生成一段时长为 3 秒的静帧画面，视频的总时长就由原来的 11 秒变成了 14 秒。选中定格的素材片段，在底部工具栏中点击"动画"按钮▶，如图 6-67 所示。

06 进入动画选项栏后，选择"出场动画"，如图 6-68 所示。

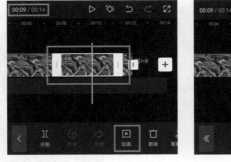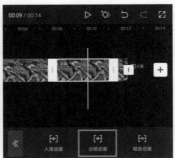

图 6-67　　　　　　　　　　图 6-68

07 打开"出场动画"效果选项栏，点击其中的"漩涡旋转"效果，并调整动画的持续时长为 3 秒，如图 6-69 所示。然后点击右下角的"√"按钮。

08 在时间轴中选中衔接在定格素材之后的视频素材，在底部工具栏中点击"删除"按钮，如图 6-70 所示。

图 6-69　　　　　　　　　　　　　　　　　图 6-70

09 完成所有操作后，点击视频编辑界面右上角的 导出 按钮，将视频导出到手机本地相册，最终效果如图 6-71 和图 6-72 所示。

图 6-71

图 6-72

6.4.2　滤镜效果：快速改善色调

滤镜可以说是如今各大视频编辑软件的必备"亮点"。用户通过为素材添加滤镜，可以掩盖拍摄上的缺陷，使画面更加生动、绚丽。剪映为用户提供了数十种滤镜，合理运用这些滤镜，可以模拟各种艺术效果，并对素材进行美化，从而使视频更加引人瞩目。

在剪映中，用户可以将滤镜应用到单个素材中，也可以将滤镜作为一段独立的素材应用到某一段时间中，下面分别进行讲解。

1. 将滤镜应用到单个素材中

01 在时间轴中选择一段素材，然后点击底部工具栏中的"滤镜"按钮，如图 6-73 所示。

02 进入滤镜选项栏，在其中点击任意一款滤镜，即可将其应用到所选素材中，下方的调节滑块可以改变滤镜的强度，如图 6-74 所示。

03 完成操作后点击右下角的"√"按钮，此时的滤镜仅添加给了选中的素材。若需要将滤镜同时应用到其他素材，可在选择滤镜后点击"应用到全部"按钮。

04 添加滤镜前后的效果对比如图 6-75 和图 6-76 所示。

图 6-73   图 6-74

图 6-75

图 6-76

2. 将滤镜应用到某一段时间中

01 在未选中素材的状态下，点击底部工具栏中的"滤镜"按钮，如图 6-77 所示，进入滤镜选项栏，在其中点击任意一款滤镜，如图 6-78 所示。

02 完成滤镜的选取后，点击右下角的"√"按钮，此时时间轴中将生成一段可调整时长和位置的滤镜素材，如图 6-79 所示。调整滤镜素材的方法和调整音视频素材的方法一致，按住素材前后端拖动，可以对素材的持续时长进行调整，如图 6-80 所示；选中素材前后拖动即可改变素材的位置。

图 6-77　　　　　　　　　　图 6-78

 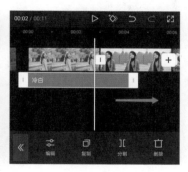

图 6-79　　　　　　　　　　图 6-80

03 添加滤镜前后的效果对比如图 6-81 和图 6-82 所示。

图 6-81　　　　　　　　　　图 6-82

6.4.3 特色贴纸：为视频加点"料"

　　动画贴纸功能是如今许多视频编辑类软件都具备的一项特殊功能。在视频画面上添加动画贴纸，不仅可以起到较好的遮挡作用（类似于打马赛克），还能使视频更加有创意。

01 打开剪映，在素材添加界面选择"小猫"背景图像素材添加至剪辑项目中。

02 进入视频编辑界面后，将时间线定位至视频起始位置，在未选中素材的状态下，点击底部工具栏中的"贴纸"按钮🕐，如图 6-83 所示。

03 打开贴纸选项栏后，向左滑动选项栏，然后点击其中的"人脸装饰"选项，在贴纸列表中选择图 6-84 所示的表情贴纸，完成后点击"√"按钮。

图 6-83　　　　　　　　　　　　　　　图 6-84

04 在时间轴中选中贴纸素材，然后在预览区域中调整贴纸的大小和位置（放置于小猫的脸颊部位），如图 6-85 所示。接着，点击底部工具栏中的"复制"按钮🔲，如图 6-86 所示。

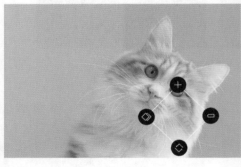

图 6-85　　　　　　　　　　　　　　　图 6-86

05 选中复制的贴纸素材，在预览区域中调整贴纸的大小和位置（放置于小猫的另一边脸颊上），如图 6-87 所示。将时间线定位至视频起始位置，在未选中素材的状态下，点击底部工具栏中的"添加贴纸"按钮🕐，如图 6-88 所示。

06 打开贴纸选项栏后，点击选项栏中的"爱心"选项，然后在贴纸列表中点击图 6-89 所示的贴纸，完成操作后点击"√"按钮。

07 在预览区域中，将贴纸素材摆放至合适的位置，如图 6-90 所示。

图 6-87

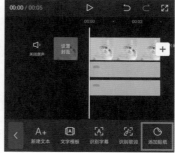

图 6-88

图 6-89

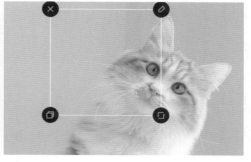

图 6-90

08 为了让效果更加完整，还可以为贴纸配上相应的音效，使效果更加有趣。将时间轴放大，然后将时间线定位至"爱心"即将出场的位置，在未选中任何素材的状态下，点击底部工具栏的"音频" 🎵 → "音效"按钮🔊，如图 6-91 所示。

09 在音效列表中选择"综艺"类别中的"啵2"音效，如图 6-92 所示。

图 6-91

图 6-92

10 完成所有操作后，点击视频编辑界面右上角的 导出 按钮，将视频导出到手机本地相册，最终视频效果如图 6-93 和图 6-94 所示。

图 6-93　　　　　　　　　　　　　　　　图 6-94

6.4.4　视频特效：轻松制作"爆款"

剪映提供了丰富且酷炫的视频特效，帮助用户轻松为视频添加开幕、闭幕、模糊、纹理、炫光、分屏、下雨、浓雾等视觉效果。只要用户具备足够的创意和创作热情，灵活运用这些视频特效，分分钟就可以打造出吸人眼球的"爆款"。

01 打开剪映，在素材添加界面选择"沙滩"视频素材添加至剪辑项目中。

02 进入视频编辑界面后，将时间线定位至视频的起始位置。在未选中素材的状态下，点击底部工具栏中的"画中画"按钮▣，→"新增画中画"按钮⊞，如图 6-95 和图 6-96 所示。

03 打开素材添加界面，选择"天空"视频素材，点击"添加"按钮，将该素材添加至剪辑项目中，并在预览区域中对素材的大小及位置进行适当调整，如图 6-97 所示。

图 6-95

图 6-96

图 6-97

04 在时间轴中选中"沙滩"视频素材，然后点击底部工具栏中的"滤镜"按钮▨，如图 6-98 所示。

05 打开滤镜选项栏后，选择"清晰"滤镜效果，如图 6-99 所示，完成后点击"√"按钮。

06 在时间轴中选中"沙滩"视频素材，按住素材尾部的图标向左拖动，使"沙滩"视频素材的尾部与"天空"视频素材的尾部对齐，如图 6-100 所示。

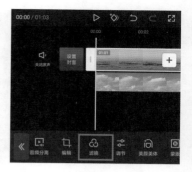

图 6-98

图 6-99

图 6-100

07 完成上述操作后，点击视频编辑界面右上角的 导出 按钮，将视频导出到手机本地相册。接着，回到剪映主界面，点击"开始创作"按钮 +，进入素材添加界面，选择上述操作中导出到手机本地相册的视频，点击"添加"按钮，将视频添加至剪辑项目中。

08 进入视频编辑界面，将时间线定位至视频的起始位置，在未选中素材的状态下，点击底部工具栏中的"特效"按钮 ✦→"画面特效"按钮 ▣，如图 6-101 和图 6-102 所示。

图 6-101

图 6-102

09 进入特效选项栏后，点击"氛围"特效栏中的"星河"效果，如图 6-103 所示，完成后点击"√"按钮。

10 在时间轴中选中"星河"特效素材，按住特效素材尾部的图标向右拖动，使特效素材的尾部与视频素材的尾部对齐，如图 6-104 所示。

图 6-103

图 6-104

11 返回第一级底部工具栏，在未选中任何素材的状态下，点击底部工具栏中的"音频"按钮，→"音效"按钮，如图 6-105 所示。

12 在音效列表中选择"魔法"种类中的"仙尘"音效，如图 6-106 所示。

图 6-105

图 6-106

13 返回第一级底部工具栏，将时间线定位至音效结束的位置，在未选中素材的状态下，点击底部工具栏中的"贴纸"按钮，如图 6-107 所示。

14 打开贴纸选项栏后，向左滑动，选择"旅行"类别，在贴纸列表中点击图 6-108 所示的贴纸，完成后点击"√"按钮。

图 6-107

图 6-108

15 完成所有操作后，为视频添加一首合适的音乐，然后点击视频编辑界面右上角的 导出 按钮，将视频导出到手机本地相册，视频效果如图 6-109 和图 6-110 所示。

图 6-109

图 6-110

第7章

多方联动，
融合微信生态矩阵

　　微信团队在开发视频号的同时，将其与公众号、朋友圈、搜一搜、看一看、小商店等打通。视频号作为微信生态矩阵中的最新部分，更像是一个含着金钥匙出生的"婴儿"，具有先天的流量优势。根据腾讯提供的数据，视频号上线不到一年，日活跃用户数就已经超过2亿。

从产业闭环来看，微信生态矩阵中的公众号、小程序、朋友圈、QQ音乐等工具都发挥着各自的作用，如图 7-1 所示。无论是企业还是个人视频号运营者，都可以利用微信生态矩阵搭建自己的产业闭环，在合适的时机将产品串联起来。本章将详细介绍微信生态矩阵中各个工具的作用及使用方法。

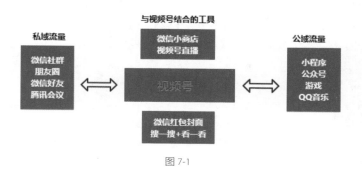

图 7-1

7.1 公众号，提供业务服务和用户管理的平台

微信生态矩阵中的各个工具看似相互独立，其实彼此都有关联。视频号和公众号结合的场景很多，根据视频号的定位，运营者可以将其与不同类型的公众号关联。本节将为各位读者总结几个公众号与视频号相结合的场景，以及创建公众号的方式。

7.1.1 让用户认识你

如果用户对一个视频号的内容感兴趣，很有可能会想更深入地了解这个视频号的运营者。所以运营者可以写一篇自我介绍文章发布到公众号上，在文章中还要添加微信二维码，在视频中也要关联这篇文章。这样用户在了解运营者的同时，还可以添加其微信。

将视频发布在视频号上之后，运营者要统计有多少用户添加了自己的微信。主动添加微信的用户越多，就说明视频对用户的帮助越大。

如果运营者还没有公众号，那就注册一个，写一篇文章进行自我介绍，让想认识你的用户能够快速认识你。这是运营者与用户建立联系的第一步。

7.1.2 产品的详细介绍

如果视频号的内容是介绍一款产品，用户仅通过短短的视频或许不能全面地了解该产品。这时，运营者可以写一篇介绍产品的文章发布到公众号上，并在发布视频时关联这篇文章。

文章中可以包含产品的功能介绍、生产背景、参数、用户评价等信息。例如，某公众号发布过一篇介绍新品奶茶"花木兰"的文章，如图 7-2 所示。文章详细阐述了这款饮品的特点、名字的来源、饮品的口感、用户的反馈等。所以运营者在写介绍产品的文章时需要对产品有所了解。此外，运营者的文案写作能力也非常重要，它能够影响文章的质量。

图 7-2

这就像在淘宝购物一样，用户浏览产品时，可以通过产品详情页深入了解产品。运营者也可以在文章中添加购买产品的方式，如果用户对产品感兴趣，便能够通过运营者提供的购买路径下单。

除了产品介绍以外，运营者也不要忘记在文章中添加微信二维码，引导用户添加自己的微信。这样在有优惠活动时，运营者就可以及时告知用户。同时，运营者需要记录有多少用户通过文章下单，根据视频号的播放量和产品的下单量，运营者能够计算出视频的成交转化率。如果运营者的变现方式以接广告为主，也可以通过在公众号发文章的方式提高报价。

7.1.3 为视频号引流

运营者不仅可以在发布视频时关联公众号的文章，还可以在公从号文章中插入视频号的视频，如图 7-3 所示。这样公众号与视频号就实现了互通，可以同时吸引看视频和公众号文章的用户。

视频号运营者中有很多是公众号创业者，他们已经坚持写了很多文章，积累了很多用户，这部分运营者可以利用自己多年累积的公众号用户为视频号助力。可见，公众号运营者可以利用自身的优势将视频号运营起来。

7.1.4 为公众号引流

随着 5G 时代的到来，人们的碎片时间已经被抖音、快手等平台占据。有些运营者反馈，公众号涨粉越来越困难，文章的打开率仅 3/1000。视频号对于公众号运营者来说是一个天然引流渠道。因为与拍视频相比，写文章的门槛比较高，坚持每天更新文章有一定的困难。但是，很多运营者是能够做到每天更新视频的，他们可以在发布视频时添加文章链接，增加文章的曝光度，从而为公众号带来更多的流量。

图 7-3

运营者可以关注视频的播放量和公众号的用户增长情况，记录具体的数据变化，在此基础上判断用户对哪类文章感兴趣，以便于后续调整写作内容。所以，如果运营者爱写作，那就可以通过视频号让更多人看到自己的文章，同时带动公众号的用户增长。

7.1.5 关联公众号与视频号

有些运营者第一次接触自媒体，知道公众号要与视频号结合，但不知道如何操作。下面是将公众号与视频号进行关联的具体操作方法。

1. 选择公众号的类型

公众号分为订阅号和服务号，个人一般选择注册订阅号，它能满足发布文章、在文章中插入视频等需求。订阅号与服务号的具体区别如表 7-1 所示。

表7-1

	订阅号	服务号
适用范围	个人和组织	企业和组织，不适用于个人
群发消息	1条/天	4条/月
消息显示位置	订阅号列表	会话列表
基础消息接口/自定义菜单	有	有
高级接口能力	无	有

运营者在选择好公众号的类型后需要填写以下信息：邮箱、邮箱验证码、密码等，如图 7-4 所示。

图7-4

2. 写文章

只要有了自己的公众号，运营者就可以发布文章了。公众号支持发布图文消息、视频消息、直播等，如图 7-5 所示。

运营者在编辑文章时，如果想在文章中插入视频，可以选择功能栏目中的"视频号"，获取自己在视频号中发布的视频，如图 7-6 所示。运营者选择要插入的视频即可，目前一篇文章最多可以插入 10 条视频。

图 7-5

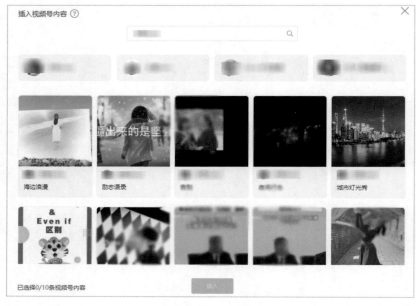

图 7-6

运营者在文章中插入视频后，视频就会在文章中显示出来，如图 7-7 所示。

3. 发布视频时关联文章

在发布视频前，运营者先复制要关联的文章链接，在"发表视频"界面将复制的文章链接同步到"扩展链接"处，如图 7-8 所示。发布完视频后，公众号的文章就会显示在视频下方。

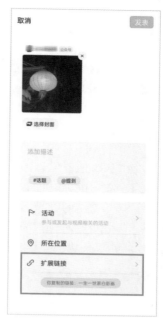

图 7-7   图 7-8

7.2 小程序，一站式应用开发平台

小程序最大的特点是不需要下载和安装，在微信内就可以使用。小程序是微信生态矩阵中一个非常重要的产品，目前企业、政府、电商平台、媒体甚至是个人都有自己的小程序。如果运营者运营视频号的目的是销售产品，就可以定制或购买一个专属的小程序。本节将详细阐述小程序的几大优势。

7.2.1 功能成熟

很多运营者都会思考是不是选择了微信小商店，就可以不用维护小程序了？其实不然。微信小商店于 2020 年上线，功能还在逐渐完善的阶段。而小程序是 2017 年上线的，与微信生态矩阵中的其他工具已经打通，功能也比较完善。

小程序可以根据企业的要求进行定制化开发，微信小商店则不支持定制化开发。而且，与小程序相比，微信小商店存在一些功能限制，不能满足运营者的所有需求。所以，如果产品的供应链复杂，后续还会有订单管理、物流管理、财务管理等流程，那么运营小程序更方便。如果运营者正处于个人创业阶段，产品不多且对功能没有太高的要求，那么微信小商店就足够用了。

7.2.2 开发成本低

一般开发一个新的 App 至少需要一个月，同时 App 还必须通过应用商店的审核后才可以上线。而小程序的开发成本则比较低，并且可以做到随时开发、随时上线。

经过几年的发展，小程序的功能已经很成熟，可以为企业提供垂直行业的解决方案，肯德基、麦当劳、星巴克等都有自己的小程序。企业可以借助小程序扩大自己的业务范围，提升产品的销量，同时还能高效管理订单和经营数据等。对于用户来说，小程序操作简单、高效，不用下载额外的 App，在微信中就可以操作，非常便捷。图 7-9 所示为某品牌的小程序界面。

7.2.3 与红包封面关联

2021 年年初，微信团队上线了红包封面与小程序关联的功能。企业运营自己的小程序时，可以申请红包封面与小程序关联，将相应红包封面送给用户，这样当用户给好友发红包时，可以通过点击红包封面直接跳转至小程序。企业将红包封面与小程序关联不仅能够提升自身的影响力，还能促进小程序内的产品成交。

7.2.4 与公众号结合

除了小程序自带的流量以外，运营者还可以结合公众号获取更多流量。运营者在公众号中发表文章时可以关联小程序，通过优质的内容为小程序引流，如图 7-10 所示。小程序对于运营者来说就像一个"商铺"，负责产品的呈现及交易，用户可以在"商铺"中购买自己喜欢的产品。

7.2.5 与视频号结合

如果运营者有自己的视频号，那就可以在发布视频的时候附上小程序的链接。例如，某品牌的视频号在发布视频时，便会在文案中附上小程序的链接，方便用户购买产品，如图 7-11 和图 7-12 所示。

并且运营者在发布视频后，还可以记录哪些产品的成交量最多，判断视频号的用户对什么类型的产品感兴趣，从而进一步分析这部分用户的画像。这样在后面的视频号内容中，运营者可以有针对性地为用户推荐产品。

图 7-9

图 7-10

图 7-11　　　　　　　　　　　　　　　　　　图 7-12

7.3　朋友圈，微信核心的社交平台

根据 2021 微信公开课可知，微信的日活跃用户数已经达到 10.9 亿，朋友圈的日活跃用户数达到 7.8 亿。也就是说，朋友圈的活跃用户在整个微信中的占比已经超过 70%，这是一个庞大的用户群体。朋友圈沉淀着人们最紧密的社交关系，也是如今微商、朋友圈广告得以兴起的重要原因。

本节将详细介绍视频号与朋友圈联合运营的主要方式，以及视频号运营者在发朋友圈时需要注意的事项。

7.3.1　视频号与朋友圈广告进行联动营销

图 7-13

朋友圈广告是一种"千人千面"的广告形式，是以品牌或代言人发布朋友圈的形式，定制化地向每个用户展示其可能感兴趣的广告，如图 7-13 所示。

目前，朋友圈广告支持插入视频号活动页，点击朋友圈广告，便可直达品牌方的视频号活动页。例如，2021 年 1 月 29 日，酸奶品牌安慕希发布了一则朋友圈广告，用户点击这则广告，即可直接进入安慕希的视频号活动页。在活动页中，用户能够看到众多参与"浓浓年味安慕希"话题的短视频作品，这个界面吸引了大量用户参赛，将活动氛围烘托至顶点。

此外，运营者也可以利用朋友圈对视频号作品进行宣传，在朋友圈中，视频号运营者可以直接插入视频号作品卡片，好友可以点击观看。这一功能使得视频号运营者能够充分利用视频号的社交推荐机制，在自身的好友圈内对作品进行基础宣传。

7.3.2 发朋友圈时需要注意的事项

1. 选择合适的时间

运营者可以选择在早上的7:00～9:00、中午的12:00～13:00，或者晚上的21:00～23:00发朋友圈，因为这些时间通常是用户的休息时间，也是用户集中刷朋友圈的"黄金时间"，在这些时候发朋友圈可以吸引到更多的流量。并且不同时间发的朋友圈在内容上也要有区别。例如，早晨可以发新闻或者晨读笔记，中午可以发视频号的视频，晚上可以发自己对生活的感悟等。

2. 重视文案

除了发朋友圈的时间以外，运营者也要注意朋友圈的文案，不要每条朋友圈都是广告，这样可能会被用户屏蔽。如果运营者发的朋友圈都很有意义，能使用户觉得就像看故事一样精彩，那么即使运营者每天发多条朋友圈，用户也不会反感。运营者在运营视频号时，转发同一条视频到朋友圈可以尝试使用不同的文案，不同的文案可能会引发不同的用户点赞或关注。

无论是利用视频号与朋友圈广告进行联动营销，还是利用朋友圈对视频号作品进行宣传，都是利用了朋友圈的社交关系链，通过实现社交裂变进行广泛宣传，并依托社交关系链将视频号或品牌沉淀至广大用户群中，与用户拉近距离，建立良好的沟通环境。

将视频号与朋友圈联合运营，还能够打通公域流量池与私域流量池，为视频号或品牌的长足发展提供更为充足的流量。

7.4 微信社群，连接用户的交流平台

社群在视频号运营的各阶段都起着不同的作用。在输出内容时，运营者可以将视频转发到社群中为视频引流；在直播时，运营者可以在社群中分享自己的直播间；在产品有优惠时，运营者可以第一时间将福利发到社群中；在产品成交后，运营者可以利用社群和用户互动，随时了解用户在使用产品后的感受。

在视频号运营的整个过程中，社群无处不在，它是运营者的一个必备工具，运营者可以根据自身实际情况选择使用个人微信社群或企业微信社群。

7.4.1 企业微信和个人微信的区别

针对企业的应用场景，微信团队开发了企业微信。随着企业微信的更新迭代，现在已经能够很好地满足企业运营者构建私域流量池的需求。企业微信与个人微信相比，有以下几个区别。

1. 资产归属

在资产归属上，个人微信与个人的手机号绑定，如果员工离职，那么运营者就无法将社群继续运营

下去。企业微信则可以解决这个问题，如果员工离职了，运营者可以将账号交给其他同事，由他人继续运营。

2. 好友数量限制

个人微信的好友数量限制是1万个，运营者不能申请扩容。企业微信的好友数量限制是2万个，运营者可以申请扩容。

3. 新加好友限制

在添加好友时，企业微信可以统一设置欢迎语，形式为"文字+图片/网页/小程序"，字数限制为100字。企业微信管理员还可以在手机上实时查看全部用户数和每日新增用户数，而个人微信则没有这些功能。

4. 社群人数限制

个人微信创建的社群的人数限制为500个以内。通过企业微信创建的社群，不同类型的群聊，人数限制会有所不同，运营者还可以申请扩容，而且群个数无上限。

5. 名片功能

个人微信可以由用户自己设置头像、昵称、个性签名、微信号等，也可以由用户自己选择是否展示朋友圈、名片，是否可以被其他用户通过微信号与QQ号搜索。企业微信可以由用户设置头像、昵称等，也可以在名片上展示企业信息，如企业简介、企业网页或小程序链接等，但名片不可以发布分享到朋友圈。

6. 转账收款

个人微信的用户可以通过发红包、转账、二维码收/付款等方式与好友产生交易，企业微信支持群发红包，运营者可以绑定商户号，开通企业支付。员工向用户收/付款都需要在商户号中进行，运营者可以给员工发红包和向员工收/付款。

7. 办公效率

企业微信提供人事管理、工作管理等工具，员工可以通过企业微信打卡，享受丰富的第三方应用选择。此外，企业微信也支持API接入自有的应用。图7-14所示为企业微信的工作台。

图 7-14

7.4.2 微信社群的定位

产品经理在规划一款新的产品时，要考虑产品的目标用户及特点，了解目标用户的痛点。运营社群也一样，运营者可以根据视频号的用户确定微信社群的定位，将具有共同目标和共同爱好的用户组织在一个微信社群中。

例如，有些运营者运营视频号的目的是销售课程，那么用户只要购买了课程，课程助理就可以将其拉入社群中，此时社群的功能是提醒用户注意课程安排。有些运营者运营视频号的目的是带货，希望通过社群将产品的用户组织在一起，在社群中为用户分享产品的优惠信息。这里需要注意的是，社群中的用户应该与产品的目标用户一致，例如，如果运营者销售母婴产品，那么社群中的用户就应该是有孩子的家长。

7.4.3 微信社群要有加入门槛

明确了微信社群的定位，接下来要设定微信社群的加入门槛。没有任何加入门槛的微信社群虽然加入的用户比较多，但用户的质量参差不齐，这样运营者在运营社群时会比较累，用户也很难在社群中有所收获。

所以，运营者要设定加入微信社群的门槛，通过加入门槛筛选出伪用户。运营者可以依据社群的目标及用户的特点设定加入门槛，例如，加入社群需要支付9.9元或者完成一项任务等。如果有加入门槛，那么用户就会更珍惜自己在社群中的时间。通过加入门槛将同频的用户聚集在一起，运营者也会更省心、省力。

7.4.4 微信社群要有规则

运营者在建立微信社群前除了要设定加入门槛以外，还要制定微信社群的运营流程及规则，例如，可以发什么内容，不可以发什么内容等。如果社群没有严格的规则，成员发的内容没有限制，那么长期下来可能会对其他成员造成干扰，久而久之很多成员可能就会退出社群。

所以，运营者在建立微信社群前要制定规则，如果成员违反了规则就要接受相应的惩罚。例如，某个社群中，成员基本都是视频号运营者，一般就会要求成员只能发与视频号相关的内容；如果想发视频号以外的内容，则要提前向管理员报备，经过管理员同意后才可以发。下面的社群规则可供读者参考。

大家好，没有规矩不成方圆，再小的社群也要有合理的规则，本社群的规则如下。

⮑ 本社群不刷屏、不发广告，请大家认真遵守规则，否则会被移出。

⮑ 本社群只交流与视频号相关的内容，大家发的内容要与视频号相关。

⮑ 后面会为大家提供展示自己的机会，如果想提前展示也可以私信管理员。

⮑ 至少每5天进行一次复盘，如果不复盘，请私信管理员原因，否则会被清退（对于付费的成员，会退回费用）。

⮑ 做社群的目的不是赚钱，而是想让大家一起复盘、成长。觉得在社群里没有获得价值的成员可以私信管理员，想退出的成员也可以要求退回费用。

运营视频号是一件长期的事，通过复盘，大家可以彼此赋能。未来可能还有合作的机会，这里的人际关系就是资源，大家一定要好好利用，加油！

运营者在制定规则后可以采访成员，了解他们在社群中是否有收获或者其他建议，以便根据成员的反馈及时调整规则。

7.4.5 微信社群要有持续输出

微信社群搭建完成，接下来的重点是保证微信社群成员的活跃度，进一步实现运营社群的目标。让微信社群更活跃的方法一般有以下两种。

1. 日常运营

运营者为了活跃微信社群，每天要做很多工作。例如，有些运营者会经常在社群中发行业新闻、生活小知识、每日思考等，通过这种方式与成员互动，让成员感知到社群一直是活跃的。

2. 活动运营

运营者将策划好的活动发到微信社群中，通过这种方式促进用户增长或成交量提升。策划活动时，运营者需要考虑活动的目的、主题、时间、优惠等信息，还要鼓励成员转发以达到裂变的效果。

无论是日常运营还是活动运营，目的都是提升社群的活跃度，实现运营社群的目标。活动做得好不好可以通过数据反映出来，运营者在做完一场活动后不要忘记复盘，通过复盘总结原因，从而找到优化方法，并在后续做活动时尽量避免相同问题。运营者做活动尽量要产生让不熟悉自己的用户信任自己，让已经信任自己的用户升级为成交用户的效果。

7.5 微信小商店，免开发零费用的卖货平台

视频号上线没多久，微信小商店也随之上线。视频号运营者可以选择开启微信小商店功能，并将小商店展示在视频号主页或商品橱窗。用户可以选择直接购买商品，不需要通过第三方软件跳转，有利于直接销售。

运营者在微信小商店中除了上架自有商品以外，还可以上架其他平台的商品。目前，微信小商店支持的平台有当当、京东、有赞等。本节将详细介绍微信小商店的各项功能。

7.5.1 发布自有商品

运营者可以通过微信小商店发布自有商品，也可以发布其他平台的商品。如果发布自有商品，那么运营者需要填写商品名称、上传商品图片、添加商品详情、设置价格和库存等，如图 7-15 所示。运营者填写完相关信息后，可以使用"预览"功能，确认信息无误后即可上架商品。

商品上架后需要接受微信的审核，微信一般会在半小时内向运营者发送审核结果。需要注意的是，如果商品审核失败，那么运营者需要检查是否存在不合规信息。

7.5.2 设置优惠活动

除了上架商品以外，微信小商店还为运营者提供了营销工具，运营者可以通过优惠券、限时抢购、拼手气礼券、拼团购、店铺直播等优惠活动吸引用户，如图 7-16 所示。

下面以限时抢购为例介绍运营者如何设置优惠活动。

运营者点击"限时抢购"选项后将打开"抢购设置"界面，在其中可以设置优惠活动的开始时间与结束时间，同时设置抢购商品及其价格与数量，如图 7-17 所示。最终的优惠活动的界面如图 7-18 所示。

图 7-15

图 7-16 图 7-17 图 7-18

7.5.3 服务市场

除了基础的上架商品、设置优惠活动等功能，微信小商店还为运营者提供了其他功能，如商品管理、装修与营销、订单与配送等，还可以帮助运营者管理订单，提高工作效率。这些功能一般按年收费，如果运营者没有自己的商品管理系统或订单管理系统，可以选择购买。在购买时，运营者需要登录微信小商店PC端，选择最下方的"服务市场"选项，如图7-19所示。

图 7-19

如果运营者想使用ERP功能，那么在单击"服务市场"后选择"ERP"类目即可。微信小商店对接了多种ERP系统，如图7-20所示。

图7-20

每个ERP系统都有简介信息，运营者可以根据自己的需求进行选择。运营者可以免费试用7天ERP系统，如果试用后比较满意，就可以直接在线支付。

运营者首先要选择心仪的ERP系统。然后，单击"购买"，进入"服务订单确认"界面，确定服务名称、有效期、规格以及价格等信息。接着，进入"已购服务"界面，单击"去使用"，如图7-21所示。图7-22为该系统的"平台对接中心"。

图7-21

图 7-22

7.5.4 带货

运营者在微信小商店的首页选择"我要带货",如图 7-23 所示,进入商品列表界面后便可以搜索自己想要带货的商品。商品主页中对预计佣金、预计佣金比例、商品来源都进行了说明,如图 7-24 所示。

单价高的商品一般佣金也较高,运营者可以根据视频号的用户画像选择合适的商品。运营者销售的最好是自己了解的商品,如果商品的口碑不好,运营者的个人信誉则会受到影响。

图 7-23

图 7-24

第8章

流量经营，
运用技巧引流"涨粉"

在运营视频号的过程中，合理选择推广的方式是非常重要的一步，想要走好这一步就要了解各种引流技巧。视频号的引流应该立足于整个信息传播领域，要在视频号内部、微信生态圈、其他互联网平台以及能利用的宣传渠道进行引流宣传。本章便为大家介绍视频号的几种引流技巧。

8.1 利用内部机会，实现高效引流

仅在视频号内部，运营者就有很多机会进行引流，本节为大家全面介绍这些引流的方法与途径，帮助大家在运营视频号的过程中实现高效引流。

8.1.1 私信

视频号支持用户使用私信功能，如图 8-1 所示。用户既可以给他人发送私信，也可以随时查看并回复收到的私信。运营者可以通过该功能给用户发视频号的宣传信息，或者以其他话题为切入点与用户交流，并在交流过程中引流。

这一功能主要可以用在主动给新增粉丝发送私信时，运营者可以在私信中引导用户查看视频号的其他作品或引流至其他领域实现流量变现。

运营者在主动向未关注自己账号的"路人"用户发送私信时，建议选择点赞或评论过视频号作品的用户作为主要沟通对象，提高通过私信引流的成功率。

图 8-1

8.1.2 视频号评论区

一般会在视频号评论区留言的用户，都是对视频号感到满意的内容受众，并且是受众群体中较为活跃的用户。运营者通过评论区引导这类用户浏览其他内容，视频号的转化率会较为可观。视频号评论区引流有两种操作方式，一种是在自己的视频号作品的评论区引流，一种是在他人发布的视频号作品的评论区引流。

若是在自己的评论区引流，运营者可以与评论用户简单交流视频内容后，使用如"欢迎关注，后面更精彩""关注我，收获更多干货"之类的话术，引导用户关注账号，或是引导用户添加微信好友，方便下一步运营，如图 8-2 所示。

图 8-2

若是在他人发布的视频作品的评论区引流，运营者应该遵循以下3点原则。

1. 选择同类型内容领域的运营得较为成功的视频号

同类型视频号内容的目标受众与自身的目标受众是一致的，而运营得较为成功的视频号本身所具备的活跃粉丝量及用户流量都很可观，在这类视频号作品的评论区留言，能够被更多的精准用户看到，起到事半功倍的宣传效果。

经常在该类视频号作品的评论区留言，即使未能成功将目标用户转化为视频号粉丝，也可以让目标用户对运营者留下一定印象，后续用户若是浏览到运营者发布的视频，很有可能会有所注意，并观看视频与形成互动。

2. 评论要具有时效性

在他人作品的评论区引流，时效性很重要。只有在第一时间留言评论，才能够最大限度地使自己的评论展示在评论区前列，呈现给更多的用户，避免被淹没在众多用户的评论"洪流"中，从而保证推广引流的效果。

3. 评论内容要贴合视频内容，以质取胜

在他人作品的评论区评论，是为了让用户注意到你，并且认可你、关注你，从而达到为自己的视频号引流的目的，因此，评论的质量很重要。运营者不能为了评论而评论，简单地评论"支持""厉害""点赞"等内容，基本只能为被评论人增加评论数量，提高视频热度，而没有引流的意义。

运营者在评论他人的作品时，内容应该要贴合所评论的视频内容，并且对内容进行一定的提炼与升华，语言尽量幽默风趣或犀利深刻，引发用户的共鸣，力求给用户留下深刻的印象，如图8-3所示。

图 8-3

8.1.3　视频号简介

视频号简介也是运营者应该重视的引流渠道。运营者将短视频发布至视频号上后，或多或少都会有观众进入主页查看账号信息，视频号简介里的引流信息就可以在这个时候派上用场。运营者可以在简介中留下微信号等联系方式，还可以放上自己公众号的关联链接，方便有需求的用户了解，如图8-4所示。

图 8-4

8.1.4 "被提到"

若是视频号被其他账号在作品中被提到（加@），在个人主页中会显示一个"被提到"板块。在"被提到"板块中，任何提到该视频号的作品都会按照发布时间的先后顺序倒序显示，如图 8-5 所示。

"被提到"板块的推出，意味着运营者可以通过在作品中@已经运营得很成功的"大号"，使自己的作品出现在对应"大号"的主页，展示给"大号"的粉丝，免费获得优质的视频号流量。例如运营者在视频中提到一个有 50 万粉丝的视频号，哪怕只能获得该视频号 1% 的粉丝的点击流量，也可以获得 5000 左右的点击流量，并且几乎没有花费引流成本。

在视频号中提到其他视频号的这个功能是没有使用门槛的，每一个视频号运营者都可以适当使用该功能，为自己的视频号引流，但是要注意频率，不要太频繁地操作给其他运营者带来困扰。与此同时，在提到视频号前，应该事先检查对方是否关闭了"被提到"板块，以免引流操作无效。图 8-6 所示为设置"在视频号主页展示被提到动态"的界面。

另外，在提到视频号时，应该选取与自己账号目标用户一致的视频号，为自己的视频号增加有效曝光，例如运营者运营一个美食类视频号，提到新闻资讯类的视频号虽然可以达到引流的目的，但是在账号"涨粉"方面的效果很可能会不尽如人意。

图 8-5

8.1.5 互推合作

视频号之间合作进行推广是一种常见的合作引流手段。运营者之间可以通过建立视频号的互推合作联盟进行协商，以有偿或无偿的方式帮助合作的视频号进行推广引流，实现视频号之间的合作共赢。这个方法见效较快，能够帮助运营者在较短时间内，利用第三方的人气和流量获得大量粉丝。

图 8-7 所示为视频号互推合作示例，该视频号在自己发布的视频介绍中直接提到了合作的视频号，浏览了该视频并对内容感兴趣的用户可以直接点击跳转至该视频号的首页，完成一次引流。

在寻找合作对象时，运营者应该注意以下两点。

1. 不与同一内容领域的视频号合作

图 8-6

同一内容领域的视频号之间可能会有同质化内容，在后续的发展运营过程中存在一定竞争关系，不利于长久的合作。因此，运营者应该尽量避免与自己类型相同的视频号进行互推合作。

2. 不与完全不相关的内容领域的视频号合作

内容领域完全不相关的视频号的目标用户群体可能存在较大差异，进行互推合作后，容易发生因为内容不符用户需求而引流效果不佳的情况。运营者应该尽量与在内容上互补的视频号进行互推合作。

例如，图8-8所示的视频号主要分享孩子的双语启蒙教育方法，其账号运营者就在视频号的简介中推荐了与英文经典歌曲、英语学习等相关内容的视频号。

图 8-7

图 8-8

8.1.6　矩阵营销与引流

矩阵营销与引流是指通过多个平台或多个账号进行多渠道的营销与引流，其中最为常用的就是使用一个视频平台中的多个账号进行矩阵运营。多平台的矩阵营销与引流需要运营者熟悉多个平台的运营规则与技巧，还需要较多的人力与物力来进行内容的推广，对运营者的能力与精力有较高的要求。运营同一平台的多个账号，需要的人力与物力相对较少，运营成本较低，并且能够深耕某一平台，运营起来更加高效。

建立矩阵进行营销与引流，能够创建多个流量入口，覆盖更多的目标用户，通过不同平台或不同账号之间的流量资源互换，实现引流"涨粉"的目的，提升账号的商业价值。

图8-9所示为某读书软件在视频号创建的多个视频号账号，该读书软件的视频号运营团队通过在视频号运营多个账号的方式，进行矩阵营销与引流。

图 8-9

图 8-10

8.2 深入微信生态，促进粉丝增长

微信是一个发展成熟的以即时通信为核心功能的社交软件。通过朋友圈、公众号、小程序、微信服务平台等功能，微信有了一个较为完整的互联网功能架构，形成了一个强大的生态圈。这个生态圈为视频号提供了微信平台资源，开拓了一些能进行引流的渠道。

8.2.1 朋友圈

朋友圈是微信用户日常使用频率最高的功能之一，也是微信生态圈中重要的社交分享平台。许多微信用户会利用空闲时间浏览朋友圈，从而获取好友的生活动态与新信息。因此，视频号运营者将视频号中的内容分享至朋友圈，被微信好友看到并点击浏览的概率是非常高的，运营者一定要重视通过朋友圈引流。图 8-11 所示为运营者将视频号作品分享至朋友圈中引流的示例。

图 8-11

发布朋友圈信息时，在信息编辑栏中添加"#+文字"格式的话题标签，话题标签会自动变为一条超链接。运营者可以在朋友圈中发布视频号作品的宣传内容，并附上"#视频号"这一话题标签，浏览到该朋友圈信息并有兴趣的好友可以通过点击话题标签，直接跳转到运营者的视频号动态界面，从而实现视频号的引流，如图 8-12 所示。

图 8-12

8.2.2 公众号

开通了公众号的运营者可以利用公众号文章为视频号引流。运营者可以结合文章内容，将贴合主题的视频号作品的预览卡片插入文章，有兴趣的用户可以直接点击视频号卡片观看对应的视频号作品。视频号作品被公众号引用之后，微信系统会通过视频号的私信，以系统消息的方式提醒运营者其发布的内容被公众号引用了。

图 8-13 所示为在文章正文中插入视频号作品卡片的示例。

图 8-13

> **提示：** 视频号作品预览卡片与直接插入文章中的视频不同，直接插入的视频可以直接在公众号的文章界面中播放，但视频号作品预览卡片中的内容需要用户点击后跳转至视频号播放界面进行播放。

8.2.3 视频号推广

视频号推广是微信官方推出的专门进行视频号付费推广活动的小程序，运营者可以直接在微信的内容搜索框中搜索"视频号推广"，点击进入对应的小程序，如图 8-14 所示。

进入视频号推广小程序后，用户可以按照推广需求选择"推广视频"或是"推广直播"，如图 8-15 所示，两种推广都是针对提高观看量与互动量，100 元起投。其中"推广视频"会将视频推送至小程序和朋友圈，"推广直播"会将直播推送至朋友圈。视频号推广算是微信生态圈内部的信息流广告，呈现效果与商业广告、公众号推广的效果基本一致。

图 8-14

图 8-15

8.3 借助其他平台，传播账号信息

跨平台引流也是视频号引流工作的重要组成部分，除了微信外，百度、微博、QQ、网易云音乐等平台都拥有大量的用户群体。对于一些在其他平台已积累了大量粉丝的短视频达人来说，可以将其他平台的粉丝转移至视频号中，也可以将视频号内容同步发送至其他平台，利用其他平台的流量进行宣传、引流，最大限度地将全渠道的流量为己所用。

8.3.1 资讯平台

传统的资讯平台有很多活跃用户，平台每日的在线浏览用户数十分可观，因此资讯平台也是运营者进行引流"涨粉"工作的"宝地"。

以目前在资讯行业中占据龙头位置的百度为例，与百度官方合作，可以根据实际运营预算，有选择地将视频号内容推广至百度旗下众多的互联网平台，包括百度搜索、百度百科、百度知道等。图 8-16 所示为百度旗下的百度营销网站首页，视频号运营者可以在该网站咨询百度平台的营销引流业务，借由资讯平台为视频号信息与内容的传播助力。

图 8-16

8.3.2　音乐平台

短视频离不开配乐，很多视频号运营者会去音乐平台寻找符合自己创作需求与喜好的音乐作为短视频的配乐。另外很多视频号、抖音等短视频平台的用户也是音乐平台的忠实用户。在音乐平台进行宣传能够有较高的视频号流量转化率，因此视频号运营者还可以借助网易云音乐、酷狗音乐、QQ音乐等音乐平台进行引流。

在音乐平台引流，运营者除了可以投放引流广告外，还可以自己上传与热门音乐相关的视频号作品。音乐平台的用户在听到喜欢的音乐后，可能会查看音乐的相关视频，从而看到这些视频号作品，并在视频号中观看与互动。图

图 8-17

8-17所示为在网易云音乐平台中查看音乐相关视频的示例。

8.3.3　社交平台

各大社交平台是互联网的重要组成部分，其中有许多活跃用户，因此运营者不能忽略在各大社交平台上的内容运营。互联网用户较为常用的社交平台有微博和QQ，下面以与视频号同属于腾讯的QQ为例，为大家介绍在社交平台上的相关引流运营。

QQ是最早的网络即时通信平台之一，拥有强大的资源优势及庞大的用户群，是视频号运营者可以充分利用的引流地。

运营者可以将自己的QQ账号名字改成视频号名字，个性签名可以是一句引导用户关注视频号的话，从而提高视频号的曝光率。QQ空间也是视频号运营者能够充分利用起来的引流场所，将其权限设置为所有人可见之后，运营者可以在其中发布视频号中的作品进行引流。视频号运营者还可以多创建、加入一些与视频号定位相关的QQ群，与群友交流，以此进行引流。

图8-18所示为在QQ中搜索新媒体运营群聊的结果界面，运营者可以加入相关群聊，拓展视频号引流途径。

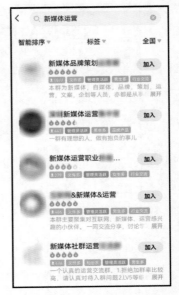

图 8-18

8.4 开展线下活动，与用户深度连接

全面的内容运营推广应该是线上线下相结合的。运营者不仅要在线上的众多平台卖力宣传，还应该根据账号自身的条件与运营预算，组织一些线下的运营活动，打通账号与粉丝之间的运营壁垒，帮助挖掘线上平台难以影响到的潜在粉丝。

8.4.1 利用线下活动，触达粉丝群体

运营者可以组织线下活动，宣传推广视频号，与视频号用户进行直接的面对面交流，帮助用户快速了解视频号，树立良好的视频号形象，还能挖掘在线上无法触达的潜在粉丝。

在线下活动中，引流效果较为显著的是与视频号内容相关的沙龙活动。在沙龙活动中，大多数参与者都有相同的喜好和内容需求，视频号运营者只要按照参与者的喜好和需求组织交流与互动，促成视频号的引流并不是一件困难的事情。

在沙龙活动中，运营者可以引导参与者关注视频号，还可以通过开展小活动、发放小奖品等方式发动参与者点赞、评论或转发视频号作品。

线下活动除了直接帮助视频号引流外，还可以向参与者深度推广视频号内容与品牌理念，帮助视频号在用户间更好地传播，实现最终的社群转化，并且有一定概率培养忠诚度高、活跃度高的视频号粉丝。所以，有条件开展线下活动的视频号运营者，应该要重视线下活动的策划与举行。

图8-19所示为某视频号运营者组织的线下沙龙活动现场图。

图 8-19

8.4.2 活动策划与完成，只需5个阶段

运营者在策划线下活动时，可以把活动的运营流程拆分为5个阶段，如图 8-20 所示。

图 8-20

1. 筹备阶段

筹备阶段主要的工作任务是确定活动目标与活动的负责人、运营团队。这个阶段通常会组建一个运营团队，进行活动交流策划，对即将开展的活动确定一个基础方向，并且分配好团队人员的工作任务，并制订出一个后续执行的流程方案，如图 8-21 所示。

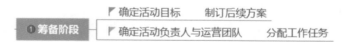

图 8-21

2. 策划阶段

策划阶段是运营团队集体进行头脑风暴，讨论活动具体细节的阶段。在这个阶段，较为核心的几个确认事项有活动主题、活动时间、活动地点、活动细则方案、物料方案、具体的团队分工、出席嘉宾等，如图 8-22 所示。确定完核心事项后，工作人员需要撰写一份清晰完整的活动策划方案，一般整个运营团队都要知悉活动的具体内容，以便在后续的活动运营工作中，有条不紊地按计划开展工作，确保方案的正确执行。

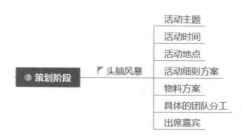

图 8-22

3. 造势阶段

造势阶段的主要任务是为线下活动进行推广宣传，通过线上线下的各个渠道，将活动信息传播给各大人群。运营团队首先要准备宣传物料，比如活动海报、宣传手幅等；还要确定信息传播渠道，如微博、微信、QQ等社交平台。若是活动预算足够，运营团队还可以邀请媒体、赞助商来为活动造势，并进行后续的活动资讯报道。另外，运营团队还可以利用已有的矩阵账号或合作方，比如公众号，进行联动宣传，如图 8-23 所示。

图 8-23

4. 执行阶段

执行阶段也就是活动的落地阶段，运营团队需要做好活动的准备工作，核实各项工作内容，再落实活动现场的相关布局、流程，最后按计划有序开展项目，如图 8-24 所示。

图 8-24

做好准备工作的关键是要确定好参加活动的各方人员，包括志愿者、参与人员、主持人、嘉宾等，另外还要做好关于活动的相关应急预案，以免意外导致发生事故。在执行阶段，运营团队应该在正式开展活动前，确认团队人员的具体任务与责任，并且落实好方案中的场地细节，比如活动现场布置、设备调试等。一切准备就绪后，运营团队就可以按计划开展线下活动。

5. 总结反馈阶段

在线下活动顺利完成之后，运营团队还需妥善处理好活动的相关善后工作，其中的关键是处理参与人员的反馈及活动内容的二次传播。另外，建议运营团队做好整个活动期间的工作复盘与总结，如图8-25所示。

图 8-25

运营团队应该总结参与人员的反馈内容，结合活动的数据与工作人员的工作总结，对整个活动的策划与开展进行复盘，以便优化活动流程与服务，为下一次活动的圆满举行奠定基础。

运营团队应该利用好参与人员在互联网平台发布的活动反馈相关内容，进行互动或转发，借由参与人员的互联网关系网与影响力，促进活动内容的二次传播。另外，运营团队也应该将活动内容整理成图文、短视频等形式，在视频号、公众号等互联网平台发布，进行活动回顾和现场还原，让更多的用户了解本次活动，还能对下一次活动起到一定的宣传作用。

8.4.3 注意运营要点，确保活动顺利

为了确保活动顺利进行，运营团队除了要按照预定方案严格执行外，还应该注意以下3个在线下活动组织过程中易被忽视的运营要点，如图 8-26 所示。

图 8-26

1. 时间

要想嘉宾、志愿者、参与人员和赞助商等各方人员在线下活动中齐聚一堂，需要各方人员协调时间，因此运营团队需要事先确定好活动的开始时间和结束时间。运营团队应该综合考虑嘉宾的主讲时间、参与人员的空闲时间、互动交流的时间、节假日等多方面的因素，确定一个稍有盈余的活动开始时间与结束时间。如果活动需要延长时间，运营团队应该对活动内容有所取舍，将延长的时间控制为0.5～1个小时。

2. 预算

预算是筹备线下活动的一个重要指标，直接决定了活动的可行性、规模、场地等。运营团队要事先跟合作伙伴沟通，看是否有可利用的免费资源，例如免费提供场地、免费提供食物、免费赞助活动礼物等。运营团队内部应该分配好各个责任部门或人员的可用预算，商讨哪些环节可以节省预算，尽可能将预算用在刀刃上，用最小的开支实现最大的推广效果。

图 8-27 所示为简单的活动预算表格，仅供大家参考。

项目	物品	数量	价格
办公用品	1. 笔	10 支	30 元
	2. 胶带	10 卷	50 元
	3. 笔记本	20 本	100 元
宣传用品	1. 宣传展板	1 块	300 元
	2. 横幅	1 条	100 元
	3. 宣传单（一张三折、铜版纸材质）	300 张	1200 元
活动用品	1. 活动人员服装及制作费（两件套上衣、带内衬）	20 件	6000 元
	2. 活动人员道具费（哨子、旗子）	20 个	200 元
	3. 饮用水	60 桶	300 元
其他	1. 参与人员机动经费		800 元
	2. 复印费		100 元
	3. 场地装饰费		100 元
合计			9280 元

图 8-27

3. 发布通知

在活动的造势阶段，发布通知是核心环节，而具体的通知撰写与发布工作，就需要运营团队细致完成了。

在正式发布通知前，运营团队需要确定有哪些平台和场所可以发布通知，如在不同的互联网平台是否有发布通知的账号，在线下的实景场地中是否可以提前张贴海报等。提前确定好了参与人员的线下活动，还需要运营团队在确定好参与人员后，再次通知相关人员，确保到场率。

运营团队在宣传有活动嘉宾的线下活动时，可以在造势阶段将通知发送给嘉宾，让嘉宾帮忙宣传推广。

运营团队务必用心撰写通知。通知要按照标准的格式书写，包含时间、地点、人物和事件等，语言要做到简洁明了。运营团队可以将其制作为宣传海报，力求让用户在短时间内了解活动详情并决定是否参加该活动。

图 8-28 所示为某视频号线下活动的海报。

图 8-28

第9章

账号运营，
多维度发力提升

　　视频号的账号运营工作涉及很多方面，包括内容编辑、数据分析、使用互动技巧等。全面掌握相关运营知识，可以帮助大家多维度助力视频号运营。

9.1 补充内容，助力视频上热门

在发布视频号作品前，运营者可以编辑信息，补充与作品相关的话题、位置、专题和内容描述等。视频号个人主页的右上角设置有搜索框，用户可以在搜索框中输入想要搜索的内容，就能看到带有相关关键词的视频号作品。图 9-1 所示为视频号搜索框界面及相关内容的搜索结果。因此，运营者在编辑信息时，要慎重添加内容，如果能够吸引用户搜索，那视频号就能够获得大量精准的流量。

图 9-1

9.1.1 添加话题或标签

话题有很好的引导和引流作用，添加话题或标签后，用户搜索关键词时就能搜到相关的视频号作品。在搜索框内输入"#热门#"和"#视频号#"，即可出现带有"热门"和"视频号"话题的相关动态，如图 9-2 所示。这是一个增加视频曝光量的绝佳方法。

图 9-2

图 9-3

添加话题的方式也很简单，运营者在发布作品时，点击 "＃"按钮，输入与作品内容相关的话题关键词，然后发表即可，如图 9-4 所示。

一条动态可以添加的话题数量不限，同一条动态可添加多个与之相关的话题，如图 9-5 所示。

在视频号中，添加话题无疑是使作品获得平台推荐的 "秘籍"。作品若能做到具有吸引人的创意和丰富的内容，自然会有较高的曝光率，同时话题还会吸引兴趣相同者的点赞、评论和关注。

图 9-4

图 9-5

9.1.2 添加所在位置

视频号支持用户给作品添加位置信息，通过位置信息，系统会将视频号作品推送至同城内容中，同城用户点开 "直播和附近" 中的同城视频，很有可能浏览到相应视频并进行观看与互动。以视频号定位为长沙市为例，用户在 "发现" 页中点击 "直播和附近"，进入对应的 "长沙视频"，即可看到同城的视频号作品，如图 9-6 所示。

图 9-6

9.1.3　参加专题活动

视频号官方或"大V"会发起很多专题创作活动，参与了相应创作活动的视频号的作品会被统一收录至该专题的专题界面，并在"最新"和"最热"两个板块中按照一定的顺序展示，如图 9-7 所示。

图 9-7

运营者若是为视频号作品添加了合适的专题，既能在作品发布的第一时间获得该专题活动的流量扶持，显示在"最新"板块的前列，获得可观的用户流量，又能够在作品发布并且数据有所增长之后，在有限的竞争作品中，不断提高作品在"最热"板块中的排名，从而获得更多的活动流量扶持。

9.1.4　添加视频关键词

既然用户会在视频号平台主动搜索想要的内容，并且平台会根据关键词向用户自动推送视频号作品，运营者就可以为视频号作品添加合适的视频关键词，提高作品被搜索到的概率。

图 9-8 所示为两个美食类视频号作品的内容描述，文字都比较简洁，但都包含了几个关键词，比如"早餐""三明治""简单""蒜蓉龙虾尾"等，有用户想搜索蒜蓉龙虾尾或早餐时，这两个作品就有机会被推送给他们。

图 9-8

视频关键词的确定，可以从以下 4 个方面着手。

第一个方面，从视频号的定位确定关键词，如美食类账号将"美食""西餐""早餐"等作为关键词。第二个方面，对目标用户进行分析，根据目标用户的属性确定关键词，如"学生""宝妈"等。第三个方面，对视频号内容进行剖析，根据视频号内容满足了用户的何种需求来确定关键词，如"情感问题""职场问题"等。第四个方面，解决目标用户的需求，从使目标用户受益方面来确定关键词，如英语学习类账号将"口语提高""词汇拓展"等作为关键词。

9.2 分析数据，对运营心中有数

较强的数据分析能力能够帮助运营者对视频号平台的运营机制、流量分配和用户需求等有一个更加精准和清晰的认知，也能帮助视频创作者找到更开阔的创作视野。本节介绍数据分析的相关内容，让大家了解视频号数据运营的内容与方法，希望对大家运营视频号有所帮助。

9.2.1 数据在手，天下我有

数据分析是指运用适当的统计分析方法，对收集的大量数据进行分析，将它们加以汇总、理解，力求最大化地应用数据，实现优化运营效果的目的。数据分析是为了提取有用信息和形成结论而对数据加以详细研究和总结概括的过程，既需要运营者有计划、有目的地收集数据，还需要运营者能够有效分析数据，使杂乱无章的数据变为宝贵的运营信息。

数据分析是视频号运营者应该进行的一项重要工作。视频号运营者以视频号的运营场景与运营目标为思考核心，围绕视频号的现有数据进行分析，能够总结出改善视频号现状、优化视频号运营效果的方法。

视频号的数据指标中有5个基础指标，如图9-9所示，分别是浏览量、点赞量、评论量、转发量和收藏量，这5个指标同样也是判断视频号作品的运营效果的关键指标。

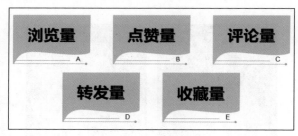

图 9-9

9.2.2 透过数据找到运营"秘方"

视频号运营也需要科学发展，而正确进行数据分析后得出的结论能够有力支撑运营者做出正确的运营决策。视频号运营者做出每一个决策时都应该根据现有的数据分析结论，观察目标用户画像与行为，并找到影响达成运营目标的因素，从而做出更加恰当的运营决策，助力视频号运营。

9.2.3 数据分析六步走

对于运营者而言，首先应该找到进行数据分析的具体目的，再带着目的去收集相应数据，找准数据分析的维度，从数据中找到运营目标的影响因素，并提出达成运营目标的可行方案，逐步根据后续数据进行内容优化。从具体操作的角度而言，完成视频号运营的数据分析只需要6个步骤，如图 9-10 所示。

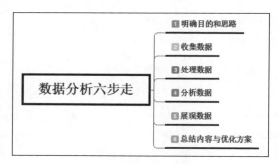

图 9-10

1. 明确目标和思路

视频号运营者应该在运营之初就有一个明确的运营目标，并以达成目标为导向。在整个运营过程中，运营者根据实际操作的需要，可以根据各项运营事务将运营目标分解为若干个小目标，并不断靠小目标驱动，有目的地进行每一步的运营。

视频号的数据分析同样应该遵循目标驱动原则，在数据分析之前就明确数据分析目标，并根据需要实现的目标明确后续思路。这里推荐大家使用"5W2H"的方法来确认数据分析的目标和思路。"5W2H"即 What、Why、Who、When、Where、How、How much/long，如图 9-11 和图 9-12 所示。

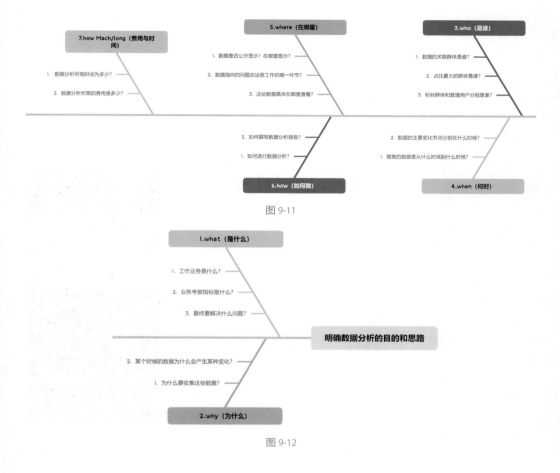

图 9-11

图 9-12

① What（是什么）

运营者需要明确自己的工作业务及业务考察指标是什么，并且弄清楚收集数据进行分析是为了解决什么问题。

② Why（为什么）

确定好收集数据的目的和业务关键指标之后，运营者需要从需求出发，确定需要收集的数据类型，要能够明确知道为何要收集这些数据，以及某个时间的数据为什么会产生某种变化。另外，运营者需要知道后期如何收集需要的数据。

③ Who（是谁）

对于计划收集的数据，运营者不仅需要知道数据关联的用户群体是谁，比如是粉丝还是普通用户，还需要知道关联的用户群体有什么特征，并且数据的出现与用户群体的哪些特征有关。只有洞悉数据的来源，运营者才能够在后续的数据分析中获得事半功倍的成效。

④ When（何时）

收集的数据应该具有时效性，并且应该是一段时间内的数据，其比短期的数据更能客观反映变化趋势。因此，运营者应该在收集数据之初就决定收集从什么时候到什么时候的数据。

在收集数据时，视频号会正常运营，而运营者的运营策略会对数据产生影响。运营者应该在分析数据时，了解收集数据期间采用了哪些运营策略，综合考虑运营策略对数据的影响。

⑤ Where（在哪里）

运营者需要知道所收集的数据是否公开显示，并且会在哪里显示，并且应该要明确收集的数据具体是哪一部分的数据。例如视频号作品的点赞数据和评论数据就属于视频号作品的互动数据，可以直接在视频浏览界面的右下方查看，如图 9-13 所示。运营者还要确定视频作品显示位置是否对数据有影响。

⑥ How（如何做）

在正式开始数据的收集、分析与处理工作之前，运营者应该计划好该如何进行数据分析，事先选用较为有效的数据分析方法。

⑦ How much/long（费用与时间）

运营者需要事先估算好数据分析所需的时间和费用，方便衡量数据分析的时间成本与物质成本，控制好视频号的运营成本。

2. 收集数据

确定好目标和思路之后，下一步就是收集相关数据，数据越详细越好，以便后期具体分析时能够有大量的数据作为基础支撑。

视频号运营者需要收集视频号标题、视频关键词、阅读量、转发量、点赞量、互动量、每日"涨粉"数量、每日"掉粉"数量等数据，每天或每周进行一次统计。另外，运营者需要在收集自身账号相关数据的过程中，了解视频号平台中同类账号的相关情况，以便对标实际视频号环境，更加合理地了解自身账号的实际运营情况。

3. 处理数据

数据收集完毕后，要对收集到的数据进行加工整理，从庞杂的数据

图 9-13

中筛选出对解决运营问题、实现运营目标有实际价值的数据。整个数据处理过程包括但不限于数据清洗、数据转化、数据提取和数据计算等流程。

4. 分析数据

这一阶段就是运用适当的数据分析工具及科学的数据分析方法，对抽取出的有效数据进行分析，并从中得出视频号运营信息。

由于数据的范围过大，并且数据分析讲求专业方法及结果的有效性，运营者可以使用第三方数据平台提供的数据分析方法，高效地收集自身账号及其他同类型账号的数据信息，并通过数据平台的专业帮助，进行正确的数据分析。

下面列举两个视频号相关的第三方数据平台，供大家参考。

⊃ 新视

新视是一个专门针对视频号开发的第三方数据分析平台，能帮助用户全方位洞察视频号生态，挖掘视频号潜力，通过追踪视频号热门信息与传播动态，构建一个全面的视频号评估体系，有效助力视频号运营。图 9-14 所示为新视的首页。

图 9-14

⊃ 友望数据

友望数据主要为用户提供视频号直播、视频号运营、平台投放及商家选品四大方面的服务。以视频号运营为例，它为用户提供视频号的热门视频榜单，分析不同内容领域热门内容的上升趋势，助力用户了解视频号运营的"涨粉"秘诀，并且还支持最多 200 个视频号账号的关键运营数据分析，帮助用户高效管理视频号矩阵。图 9-15 所示为友望数据首页的宣传海报。

图 9-15

5. 展现数据

分析完所有数据后，运营者需要对数据进行可视化处理。运营者应尽可能用图表来可视化地呈现数据，以便能够直观感受视频号的运营结果。图 9-16 和图 9-17 所示为将视频号挂链作品数量、作品数据表现等数据进行可视化处理后得到的数据分析图表。

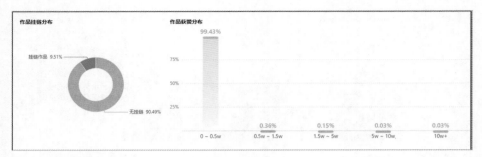

图 9-16

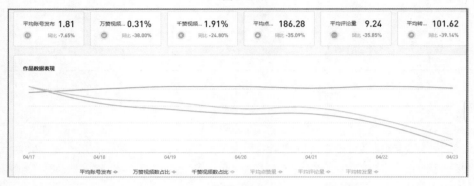

图 9-17

6. 总结内容与优化方案

运营者分析数据的最后一步就是全面总结数据内容，找到影响数据的因素，针对运营问题找到解决办法，提出运营优化方案。提出的方案不必只有一个，可以经团队人员讨论后，找到多个运营优化途径，再通过多次运营成果测试，找到对应内容的最优解。图 9-18 所示为视频号运营数据报告示例。

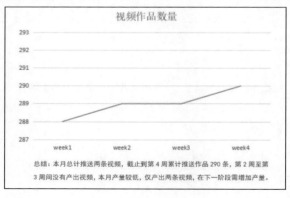

图 9-18

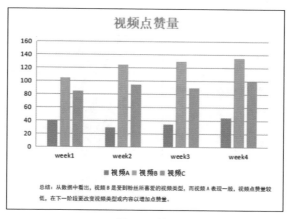

图 9-18（续）

9.3 使用技巧，进行良性互动

要想运营好视频号，实现播放量和粉丝量的增长，用户运营是必不可少的。而用户运营的核心在于对用户进行精细化管理，也就是做好与用户的互动。本节将详细向大家介绍在视频号中如何经营粉丝，与粉丝一起"玩"，形成自己的社群。

9.3.1 巧借评论引起互动

运营视频号时，很多运营者只是把自己当作内容的生产者，而忽略了与用户的互动。这样一来，运营者就只是做了自己喜欢做的事，忽视了用户的感受。长期下来，即使视频号能够产出优质的视频内容，也会遭遇瓶颈，粉丝量的增长速度会变得很缓慢。而评论区是视频号运营者需要重视、利用起来的一个与用户互动的板块。

图 9-19 中，该视频动态的评论有 6000 多条，评论根据点赞量依次排列。用户在评论区评论后，点击其账号名就可以跳转至对方的视频号。如果你的评论独具风格，就会吸引兴趣相同的用户进一步了解你，点击你的账号名，进入你的视频号。作为视频号运营者，除了发布自己的内容外，也可以在其他热门视频中进行评论，与其他运营者互动，吸引用户了解自己，这不失为一个运营的好方法。

图 9-19

对于视频号运营者来说，发布作品后，如果有用户对作品进行评论，可以对优质评论点赞，这样一来，用户的评论就会在评论区中列入前排，如图 9-20 所示。对用户的评论进行点赞也是一种与用户互动的好方法。

除了点赞之外，更好的方法是直接和用户进行互动，即回复用户的评论，如图 9-21 所示，这样一来，评论区会显得内容丰富。

图 9-20   图 9-21

9.3.2 主动引导添加关注

运营者在运营视频号时，要重视与用户互动，所以可以多维度给予用户一些引导。除了本书前文所提到的，在简介中留下自己的联系方式进行引流外，还可以在视频中引导用户关注，如"感兴趣的话点点关注""点个关注，下期告诉你们答案"等。

在图 9-22 中，运营者在视频的结尾加入了引导语"我每天都会分享有用的汽车知识""关注我交一个懂车的朋友"，以引导用户关注并观看后续的视频。总之，视频号运营者要多与用户互动，展现自己和账号的优势，吸引用户持续关注自己的内容。

图 9-22

9.4 控制节奏，固定发布时间及频率

运营者需要注意控制视频号的发布节奏，尽量固定内容发布时间及频率，这样既能合理安排自己的工作计划，张弛有度地运营账号，又能培养粉丝的浏览习惯，帮助账号持续发展。

9.4.1 时间：抓住最佳机会

据统计，微信用户使用手机"刷"朋友圈最多的场景是在饭前和饭后，在这段时间内超过一半的用户会"刷"动态，也有一部分用户会利用碎片化时间看动态，比如地铁上、回家路上、上卫生间时。如果是周末、节假日以及晚上入睡前，用户的活跃度会更高。从以上信息可以得出，最适合发布作品的时间段为以下3个。

（1）星期五晚上的6—12点，这是用户观看视频号内容最为活跃的时间段。

（2）周末和节假日。

（3）工作日晚上的6—10点，这是视频号运营者发布内容的活跃时间段。

以上时间段仅供参考，大家可以根据实际情况选择最适合自己的发布时间。一条同样的视频在不同的时间发布效果也不同，在流量高峰期发布被用户看到的可能性更大。

细化到一天中的不同时段，凌晨时段的作品发布量很低，通常早上使用视频号的用户不多，运营者活跃度也较低，上午10—11点及下午16—20点，会有较多运营者为了赶上用户的休息时间，提前发布视频号作品，如图9-23所示。

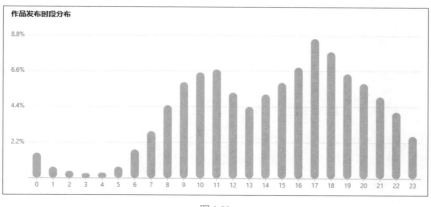

图 9-23

9.4.2 频率：发布作品要适量

不同类型的短视频有不同的发布频率，一般来说，重剧情、制作难度较高且精细化的视频，一周至少更两条；其他制作相对较为简单的视频，比如美食类、萌宠类短视频，发布频率就比较高了，尤其是对于新手来说，至少每天一条或者每天多条。之所以这样要求，主要有以下两个原因。

第一，运营初期是非常关键的，因为在这段时间运营者可能会通过各种方式积累一部分流量，如果发布速度跟不上，用户的期待感就会消退，用户很容易流失。

第二，目前热门领域的竞争很激烈，如果运营者因为各种原因无法按时发布视频，那么竞品绝对不会放过这个机会。

> **提示：** 视频号的粉丝数量、活跃度及作品的点赞量、转发量、播放量和收藏量等数据，都会影响账号的权重，视频号运营者应该尽可能在针对这些数据的运营中获得更好的效果。

9.5 注意要点，实现高效运营

视频号的运营工作涉及视频创作、作品发布、数据分析、互动引流等多个方面，需要运营者能够统筹安排、协调一致。本节将介绍一些在运营时需要注意的工作要点，帮助大家实现高效运营，避免陷入运营误区，如图 9-24 所示。

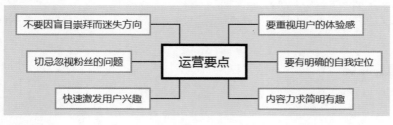

图 9-24

9.5.1 要重视用户的体验感

在视频号运营工作中，运营者始终要重视用户的体验感，特别是在开展线下的引流推广活动时，需要充分照顾到参与活动的用户，在用户拥有了优质的活动体验后，再进行推广互动。

运营者在进行内容创作与活动策划的过程中，应该多换位思考，站在用户角度看待内容与活动。只有用户有了优质的体验，视频号运营和微信的社群裂变才能真正发挥作用，让活动达到理想效果，满足运营的需求。

9.5.2 要有明确的自我定位

正如前文所言，运营视频号必须要有明确的定位，这个定位需要涵盖账号定位、人设定位和内容定位三大方面的内容，如图 9-25 所示。本书第 2 章就这些内容为大家进行了详细的介绍，并提供了一些定位技巧与思路，有需要的读者可以查阅第 2 章的相关内容，在此不再赘述。

图 9-25

9.5.3　内容力求简明有趣

　　用户的时间和耐心都是有限的，并且大部分用户都是抱着娱乐休闲的目的浏览视频号内容，所以视频号的内容应该尽可能在较短的时间里进行丰富的内容表达。运营者在视频号内容创作过程中，要力求内容简明有趣，这样不仅能够为用户带去新知识，还能够让用户轻松愉悦地接受。

　　另外，内容的简明有趣还可以从直入主题入手，运营者可以为视频号内容的展开进行简单的铺垫，但是稍有准备之后就应该直接地将内容呈现给用户，用最简单直接的语言进行表达。其实，往往是越简单的内容越能够被用户所接受，越能够进行广泛的传播。

9.5.4　快速激发用户兴趣

　　前文为大家介绍过，在编辑视频时，应该注重视频的开头，并且在发布时，要重视封面与标题的设置。采取这些举措就是为了快速展示视频号内容的高潮，激发用户的观看兴趣，吸引用户的目光，以确保视频号内容可以完整传达给用户，从而引导用户互动与关注。

9.5.5　切忌忽视粉丝的问题

　　不管是视频号运营，还是公众号运营或其他自媒体运营，都可以看作一种"粉丝经济"。一个普通的自媒体账号很多时候是以粉丝的活跃程度与粉丝群体的影响力作为价值评判标准的。因此，视频号运营者切忌忽视粉丝的问题，要始终关注粉丝的诉求，给予适当的正面回应。

　　很多运营者会在运营一段时间后，根据粉丝的反馈与疑问，专门发布一个回答粉丝问题的视频，满足粉丝的好奇心。这个方法的效果较好，值得大家借鉴。

　　图 9-26 所示为某账号发布的有关回答粉丝问题的视频，该视频虽然发布时间不长，但是也获得了较为可观的互动数据。

图 9-26

9.5.6 不要因盲目崇拜而迷失方向

很多运营者会在运营过程中借鉴成功的视频号账号的运营方式与经验，甚至会在运营初期严格对标成功视频号账号。这确实是一个非常有效的运营捷径，但是运营者不能够因为盲目崇拜成功的视频号账号而自身迷失了方向。

每一个成功的视频号账号都有其独特之处，能够获得众多视频号用户的喜爱，具有很高的传媒影响价值，因此，它们的成功往往是具有唯一性的，并不是所属内容领域一致就可以被完全模仿的。而且若是账号与已经成功的视频号账号内容同质化严重，反而会因为传播力、影响力和竞争力不够，而被用户忽视。

此外，在互联网时代，内容日新月异，短视频这个风口行业更是在急剧变化，每一个账号的运营内容与垂直领域都并不完全一致，每一个账号所处的平台发展阶段与环境也有所差异。不同发展阶段中，平台对内容创作者的扶持力度，以及重点关注的创作领域是不同的，这也更加使得一个账号的成功具有唯一性。运营者完全照搬成功视频号账号的运营模式，忘记自己的运营初衷与发展方向，反而会东施效颦，加速账号运营的失败。

第10章

变现掘金，
成为视频号大赢家

从图文时代的微博、公众号、头条，到短视频时代的抖音、快手等，内容营销再次迎来了红利期，同时数以亿计的用户成为移动互联网用户，在此基础上短视频市场呈爆发式增长。作为微信新推出的平台，视频号的发展是非常值得期待的。本章就向大家介绍视频号中易变现的内容和变现的具体方法。

10.1 广告变现，让曝光变成收益

广告变现在短视频中的覆盖面很广，适用于90%以上的短视频账号，所以广告变现是短视频行业一种常见的变现方式。虽然目前视频号还未推出专业的广告变现工具和渠道，但从朋友圈、公众号、小程序来看，视频号后期很有可能会开发广告变现渠道。

当视频号账号的粉丝数量越来越多，知名度也越来越高的时候，所收获的流量也会越来越多，这时候自然会有很多广告商主动找到账号运营者，希望能够利用账号的知名度和流量，推广他们的产品或服务。除此之外，视频号账号还可以接品牌广告。

短视频的广告变现也有很多种形式，比如冠名、浮窗logo、贴片广告、内容创意软植入、视频卖货植入等。视频号中较为常用的广告形式是内容创意软植入、视频卖货植入。广告商会对账号的粉丝数有要求，会关注视频的互动数量，甚至还会对广告视频后续的转化率有所要求，运营者也可以根据粉丝数调整报价。

视频号中的视频卖货植入式广告，相当于一种商业宣传广告，直接在视频号作品中介绍相关产品，用户可以直接在账号简介或视频描述中找到产品购买渠道并进行购买，促进运营者实现变现。图10-1所示为视频号中的卖货植入式广告示例。

创意植入式广告是一种"软广"，视频号运营者可以将广告词和产品信息融合在视频的故事情节中，在保证情节完整性的同时保证了产品的曝光率。这种广告适用于作品中有故事剧情的账号，因为这类账号的内容更加灵活多变，容易符合品牌调性。

图 10-1

另外，运营者可以使用符合账号内容的产品来创作视频号内容，比如穿搭类视频号发布一个穿搭的视频，就可以在展示穿搭效果的同时宣传对应的服装产品，还可以在视频描述中附上购买链接，如图10-2所示。

图 10-2

10.2 知识变现，用知识获取价值

知识变现也是短视频中常见的变现模式。使用该模式需要运营者有一定的管理能力，并且能够让用户在付费后可以获得相应的价值。知识变现的主要方法是知识付费，这种模式通常采用付费课程与付费社群相结合的形式，以保证产品与服务的一体化效果。

10.2.1 付费课程

如果你在某个领域有一定的经验或成就，那么可以录制自己的线上课程。如果运营者可以做出一个在专业技能方面或某个知识领域有一定体量的视频号，再将运营经验总结为一门网络课程，那么这个课程应该能具有很大的市场。

目前视频号中有很多老师和自媒体人都在做自媒体运营教程类的课程，而且效果都还不错，如图10-3所示。

当然，其他很多行业也能通过课程类视频达到变现的目的。比如销售类账号可以录制提高销售业绩的课程，健身类账号可以打造瘦身的课程，育儿类账号可以策划一套培养孩子良好习惯和高情商的课程。

对于某些领域的自媒体账号来说，如果不适合为消费者提供实体产品，知识变现就是一个很好的变现途径。只要你拥有足够多的干货，就能开设课程获得收益。

图 10-3

10.2.2 付费社群

付费社群是指向用户收取一定加入费用的社群。打造知识付费类短视频的账号在引流到个人微信中时，可以直接利用付费社群变现，用户要想进群需支付入群费用。入群之后，用户可以参与群内的各种活动、享受社群服务等。

创建付费社群需要注意的是，社群的服务或产品质量一定要高。设置入群费用的好处是，提高群成员的质量，让用户的体验感更佳。随着收费入群的用户数量增多，很多社群的入群条件还会发生变化，会费增加，或对入群用户的自身条件设置要求，以达到社群用户之间的资源互换。

这种模式对社群管理员有一定的要求，社群管理员只有在社群内持续输出干货，才能保持社群的活跃度，吸引更多用户入群，达到变现的目的。

10.3 引流变现：让流量成为收益

视频号除了支持运营者使用提到他人、添加标签、参与活动等功能外，还支持运营者在视频号作品信息中添加拓展链接。

10.3.1 利用公众号变现

视频号依托于微信，而微信本身的生态就是一个闭环。从公众号、小程序、朋友圈，到企业微信、视频号、微信直播、微信支付，是一个很完整的闭环。再加上目前视频号支持在下方添加拓展链接，所以对于公众号创作者来说，运营视频号是非常具有优势的。

利用公众号进行变现有很多方法。图 10-4 所示为在视频号下方添加公众号文章链接后，用户点击链接跳转至公众号文章，以付费阅读的方式实现变现。

图 10-4

当然，除了付费阅读之外，公众号还有多种其他变现形式。

1. 软文

在公众号文章中植入广告通常是以软文的形式，也就是说，在正文中不会直接介绍产品，进行营销，而是将产品融入到文章中，在读者不经意间植入，这种形式比起硬广，更能让读者接受。

图 10-5 所示为"麓山文化"微信公众号推送的一篇文章，该篇文章以轻松的开头引导读者往下读，接着向读者介绍干货类的内容，适时的渗透产品信息，在文章尾部附上了所推荐的产品，并进行了简要介绍。

> **■拓展延伸：**软文是相对于硬性广告而言，指由企业的市场策划人员或广告公司的文案人员来负责撰写的"文字广告"。与硬广告相比，软文之所以叫作软文，精妙之处就在于一个"软"字，让用户不受强制广告的宣传下，文章内容与广告的完美结合，从而达到广告宣传效果。

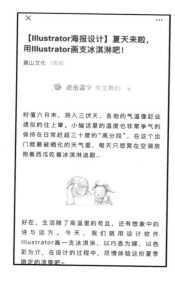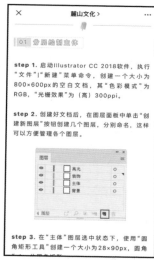

图 10-5

2. 流量主

流量主是一个让公众号实现变现的功能。公众号的粉丝达到一定数量就可以开通此功能，之后运营者可按月获取广告收入。开通流量主功能之后，运营者可以在微信消息的图文界面中加入广告，以获取收益。但是开通流量主需要满足一定的条件，如图 10-6 所示。

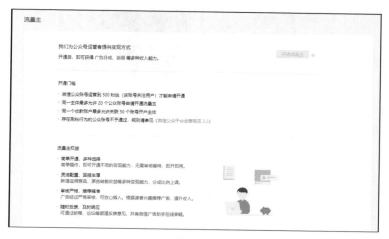

图 10-6

如果想要通过流量主功能获得分成、返佣等收入，运营者必须先使公众号的粉丝数量增加，而通过视频号引流就是一个很好的方法。图 10-7 所示为流量主收益详情界面，在该界面能够看到每天、每周的收入详情。

运营者在指定位置插入广告，使用流量主功能，如图 10-8 所示。

图 10-7

图 10-8

3. 赞赏

将用户引流至公众号之后，运营者还可以通过公众号的赞赏功能实现变现。不过运营者要在公众号中发表3篇以上的原创文章，才可以申请创建赞赏账户。

运营者在发表文章前应先对文章进行原创申明，并选择赞赏账户开启赞赏功能。用户阅读文章后通过"喜欢作者"选项可赞赏作者，如图 10-9 所示，运营者通过赞赏账户收取相关的款项。

通过赞赏赚取收益的公众号对文章的质量要求会比较高，这

图 10-9

类文章大多以情感、故事、观点为写作题材，能够表达出真情实感，有自己独特见解的原创文章更能引起读者的共鸣。图 10-10 所示为公众号的赞赏功能。

10.3.2 微信社群引流

图 10-10

微商和电商的区别其实并不大，只是导流的平台不一样。微商和电商的共同点是都有自己的产品。如果微商运营视频号，完全可以利用优质的内容将公域流量转化为私域流量。

微商主要是把视频号用户转化为微信好友进而实现变现。具体操作手法有前文所说的内容引导、个性签名引导、评论引导等。

将视频号中的用户引导至个人微信后，微商便可以通过将微店产品信息分享至朋友圈等形式，对产品进行宣传，如图 10-11 所示。用户扫码购买产品，微商便可以直接赚取收益了。

图 10-11

10.3.3 其他平台引流

微信浪潮席卷了各个行业，电商行业也不例外。利用互联网将电商的买卖模式照搬到微信中也同样适用。由于微信是一个社交 App，所以相较于其他电商平台更有优势。

图 10-12 所示为某电商的视频号主页。该视频号主页加入了直达某电商商城小程序的链接，用户点击服务中的"购物首页""搜索商品""订单物流"，分别可以跳转至某电商购物首页、商品搜索页和个人中心。在某电商商城小程序中，用户可以直接选择自己需要的产品进行购买。从视频号再到小程序，如图 10-13 所示，商户在微信这一个平台就完成了从引流到变现的全过程。

第 10 章 变现掘金，成为视频号大赢家

图 10-12 图 10-13

10.4 直播变现，人人都是主播

视频号作为一款短视频产品。开通直播功能是必不可少的。2020 年 11 月，视频号开始支持手机直播，但早期没有美颜、不能打赏。现在，视频号已经具有较为完善的直播功能，支持电脑直播、推流直播，能带货、打赏、连麦、抽奖、发红包等，成为一个较为完善的直播平台。而且视频号与直播的结合是一个完美的"导流＋转化"闭环。视频号运营者在视频号上发布优质内容吸引用户关注，然后开启直播，引导用户购买商品。

微信的直播有两个主要入口，一个是腾讯直播，一个是微信的发现页面。在腾讯直播中，用户可以进入微信的小程序直接观看直播，即"看点直播"，如图 10-14 所示。

图 10-14

在"发现"界面中，微信设置了"直播"选项，用户可以直接点击进入，选择观看不同的直播。不同的"发现"界面的内容可能会有所差异，但是基本都包含微信直播的入口，如图10-15所示。

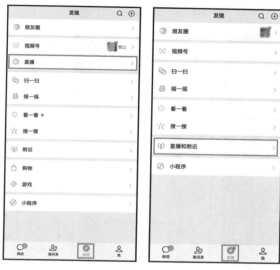

图 10-15

10.4.1 直播打赏

直播打赏是直播最原始和最基本的变现模式之一。其实通过打赏变现利用图文也可以实现，比如公众号的赞赏功能。用户赞赏文章，是因为这篇文章引起了用户的情感共鸣，或是给用户提供了干货。而对于直播来说，用户有可能会因为主播的一句话、一个表情、一个讨喜的动作进行打赏。

图10-16所示为微信直播打赏界面。

在直播间给主播送礼物的这种打赏行为与前文所说的收取入群费用相比，是一种完全不同的付费模式。不过，如果想通过直播获取打赏收益，除了提供优质的直播内容之外，也需要具备一些直播技巧。

10.4.2 直播带货

说到直播变现，必定要提及直播带货这一强大的变现途径。直播带货是指在直播中售卖产品获得收益，这是一种最直接的变现模式。视频号运营者与广告主或产品代理商合作，在直播中推销、售卖产品，并按照固定金额收费或者按照产品销量抽成以获得收益。

图 10-16

视频号直播支持与小程序和微信小商店互联，在直播过程中，用户可以点击直播界面右下方的图标，跳转至小程序或微信小商店界面购买产品，如图10-17所示。这样的功能使得用户在观看直播过程中可以直接进行购买，缩短了用户的购买路径，极大地提高了产品的转化率。

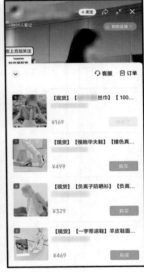

图 10-17

10.4.3 付费观看

除了直播打赏、直播带货等变现模式外，还有一种与直播本身有着直接关系的变现模式，即优质内容付费观看。在这种模式中，用户需要付费才可以观看直播。这种付费方式类似于前文中提到过的公众号文章付费阅读。如果你的内容足够优质、粉丝数量多、影响力大、粉丝忠诚度强，就可以采取这种模式达到变现目的。

10.5　IP变现，得到附加价值

视频号中还有一类账号的运营目的是打造IP，这类账号在短视频行业中是比较常见的。一个好的IP，无论是个人IP、企业IP、萌宠IP、卡通形象IP，都可以拥有一个独具风格的形象。图10-18所示为视频号中的IP类账号。

而如今常见的IP变现模式主要有以下四种。

（1）衍生品授权，将IP素材直接用于实物商品上，像卡通玩偶，等等。

图10-18

（2）营销授权，将IP的元素用于营销宣传，比如营销广告视频广告和推文软文，网店装修，等等。

（3）线下实体店授权，IP主题餐厅，IP主题酒店或是线下IP商城，等等。

（4）植入冠名，除了以上传统授权方式外，影视植入综艺冠名也是一种常见的方式，就是商家希望通过一个优质IP来带动自己的收益，获取更多的用户，创造更高的品牌价值，这样还可以节约推广费用。

10.6 直接开店，微信小商店变现

微信小商店是小程序团队提供的可以帮助商家免开发、零成本、一键生成卖货的小程序，正如微信小商店官方所说的："从今以后，无论是小区里开生鲜小超市的60后阿姨，还是创立了自己品牌的90后独立设计师，只需要提供相关身份及资质证明，就可以把实体店开到月活12亿用户数的微信生态里。"

商家加入微信小商店后，微信小商店团队将负责商品发布、订单管理、交易结算、物流售后、直播带货等技术和服务流程。换一句话说，腾讯小商店将自己定位为平台型电商，目标是做一个万能的电商平台。

微信视频号目前很难直接对接品牌主，只能分佣挣钱，但微信小商店已经与视频号打通，可以帮助视频运营者简化带货流程。这样可以充分满足中小微商家、个体创业者免费拥有自己的小店的需求。图10-19所示为视频号某穿搭博主开通的服饰类微信小商店。

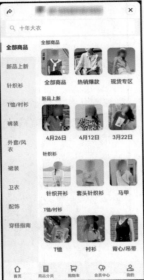

图 10-19